计算机网络基础与应用研究

陈吉成　郭艾华　葛虹佑　著

图书在版编目（CIP）数据

计算机网络基础与应用研究 / 陈吉成，郭艾华，葛虹佑著. -- 哈尔滨：哈尔滨出版社，2024.1
ISBN 978-7-5484-7702-0

Ⅰ. ①计… Ⅱ. ①陈… ②郭… ③葛… Ⅲ. ①计算机网络－研究 Ⅳ. ①TP393

中国国家版本馆CIP数据核字(2024)第040304号

书　　名：计算机网络基础与应用研究
JISUANJI WANGLUO JICHU YU YINGYONG YANJIU

作　　者：陈吉成　郭艾华　葛虹佑　著
责任编辑：韩金华
封面设计：蓝博设计

出版发行：哈尔滨出版社（Harbin Publishing House）
社　　址：哈尔滨市香坊区泰山路82-9号　　邮编：150090
经　　销：全国新华书店
印　　刷：武汉鑫佳捷印务有限公司
网　　址：www.hrbcbs.com
E-mail：hrbcbs@yeah.net
编辑版权热线：（0451）87900271　87900272
销售热线：（0451）87900201　87900203

开　　本：787mm × 1092mm　1/16　印张：10.5　字数：220千字
版　　次：2024年1月第1版
印　　次：2024年1月第1次印刷
书　　号：ISBN 978-7-5484-7702-0
定　　价：68.00元

凡购本社图书发现印装错误，请与本社印制部联系调换。
服务热线：（0451）87900279

《计算机网络基础与应用研究》是一本旨在深入探讨计算机网络领域的教材，旨在为读者提供全面而深入的关于计算机网络基础知识和实际应用的信息。本书从网络的基本概念开始，逐步深入探讨计算机网络的各个方面，涵盖了网络通信、传输技术、网络协议与服务、局域网与广域网、网络管理与性能优化、云计算与网络安全及未来网络技术与发展趋势等多个重要主题。

第一章为导论，为您提供了一个关于本书内容的概述。我们将讨论计算机网络的研究背景与意义、计算机网络的发展历程及研究的目的与方法等。这将帮助您更好地理解本书的结构和目标。第二章为计算机网络基础，将为您的学习奠定坚实的基础。您将了解计算机网络的基本概念与特点，以及 OSI 参考模型与 TCP/IP 协议族的重要性。此外，我们还将深入探讨数据链路层的原理与协议、网络层的路由与转发，这些是构建网络的关键部分。第三章为网络通信与传输技术，将带您进一步探索网络通信的基本原理、网络传输介质与信号传输。您将了解数字调制与多路复用技术，以及网络拓扑结构与设备连接的概念。第四章为网络协议与服务，将介绍传输层协议与流量控制、应用层协议与网络服务。这一章还将涵盖互联网服务与应用，帮助您理解网络上各种常见服务的工作原理。第五章为局域网与广域网，将深入研究局域网的拓扑与组网技术、以太网与局域网交换技术、广域网的连接和路由选择等。您将了解如何构建不同规模的网络。第六章为网络管理与性能优化，将帮助您了解网络管理的概念与任务、网络监测与故障诊断、带宽管理与性能优化及负载均衡和流量管理。第七章为云计算与网络安全，将介绍云计算的概念与模式、虚拟化技术与云平台、网络安全的基本原理，防火墙、入侵检测与安全策略，为您提供保护网络和数据的相关知识。第八章为未来网络技术与发展趋势，将讨论软件定义网络（SDN）与网络创新、物联网技术与应用、5G 网络与移动通信及计算机网络的未来展望，帮助您把握未来的发展趋势。

最后，我们要感谢所有为本书的编写和出版作出贡献的人员，以及所有的读者。我们希望本书对您的学习和职业发展有所帮助，也期待您将本书中的知识用于实践中，为计算机网络领域的进步作出贡献。

目录

CONTENTS

第一章　导论

第一节　研究背景与意义

一、计算机网络兴起的背景

第一，计算机网络的兴起与计算机技术的革命性发展密切相关。

自 20 世纪 60 年代以来，计算机技术经历了一系列革命性的进步，这为计算机网络的出现创造了条件。这一时期被广泛称为计算机领域的黄金时代，它见证了计算机硬件和软件技术的快速发展。具体而言，以下几个方面的技术进步对计算机网络的兴起产生了深远影响。首先，计算机硬件的不断演进使计算机变得更加强大、便捷和廉价。计算机的处理速度大幅提升，存储容量不断扩大，而成本逐渐降低。这使得计算机成为广大用户可承受的工具，促进了个人计算机的普及。其次，个人计算机的问世使普通人也能够拥有自己的计算机。IBM PC 的发布在 20 世纪 80 年代初掀起了个人计算机的革命，使人们可以在家中或办公室里使用计算机来处理各种任务，从文档处理到数据分析。再次，服务器的性能不断提升，为大规模数据处理和存储提供了强大支持。企业和组织可以借助服务器技术构建大型数据库、网站和在线服务，为用户提供更多功能和资源。最后，移动设备的普及进一步扩展了计算机网络的覆盖范围，使人们能够随时随地访问网络资源。智能手机、平板电脑和其他移动设备的出现让人们能够在移动状态下连接到互联网，从而改变了信息获取和社交互动的方式。

第二，从最早的模拟通信到数字通信的普及，通信速度和质量都得到了极大的提升。

这种通信技术的进步使数据传输更加可靠，减少了误差和干扰，从而为计算机网络的稳定运行提供了坚实基础。互联网的普及也是网络通信技术的巨大成功之一。互联网协议套件（TCP/IP）的广泛采用使不同计算机和网络之间的互联变得无缝。互联网的设计理念强调了分布式和去中心化的特点，这使其更加灵活和可扩展。这一开放的体系结构促进了互联网的快速增长，并为未来的网络应用提供了丰富的发展空间。

第三，互联网的普及使全球范围内的通信变得更加容易，人们可以轻松地进行跨地域的信息交流和合作。

不再受到地理位置的限制，企业、个人和政府机构可以跨越国界进行合作和沟通。这种全球性的互联互通为信息时代的到来铺平了道路。

第四，计算机网络兴起的背景不仅仅是技术进步，还包括社会需求的催生。

随着全球化和数字化的发展，人们对信息交流和资源共享的需求不断增加。计算机网络的兴起满足了这些需求，为社会各个领域带来了巨大的机会和挑战。

二、计算机网络的意义

第一，计算机网络对个人、企业和社会都具有深远的意义。

通过计算机网络，人们可以轻松地传输各种形式的信息，包括文本、图像、音频和视频等。这种信息的及时传递和共享改变了人们的生活方式，使沟通更加便捷。这一点在以下几个方面具体体现：首先，个人和家庭通过社交媒体平台、电子邮件和即时通信工具可以与朋友和家人保持联系。不论身处何地，人们都能分享生活中的点滴，从照片和视频到文字消息，这加强了人际关系的纽带。其次，企业可以通过内部网络和互联网与员工、客户和供应商进行实时的信息交流。这种即时通信和协作有助于提高生产力、降低成本，并加速业务决策的过程。再次，学术界和研究机构能够轻松地共享科研成果、数据和论文。这种信息的开放共享促进了科学研究的协作和进展，有助于解决全球性问题，如气候变化和医学研究。最后，计算机网络使新闻和媒体行业能够迅速传播新闻事件和信息，这使人们能够及时了解全球各地的重要新闻，提高了信息传播和舆论监督的效率。

第二，计算机网络还促进了电子商务和远程办公的兴起。

企业可以通过互联网销售产品，消费者可以在线购物。这种电子商务的模式已经改变了传统零售业的格局。具体而言：首先，在线购物平台如亚马逊、阿里巴巴和京东已经成为全球范围内的巨大市场，消费者可以从世界各地的商家购买产品，这为企业提供了全球化的销售渠道。其次，电子支付和数字货币的发展使在线交易更加便捷和安全。消费者可以使用信用卡、移动支付或加密货币来支付商品和服务。再次，远程办公模式使员工可以在不同地点工作，提高了工作的灵活性和效率。这一模式在全球范围内得到了广泛应用，尤其在信息技术和互联网行业。

第三，在教育和医疗领域，计算机网络也发挥着巨大的作用。

在线教育平台使学生可以远程接受教育，而远程医疗系统使患者可以获得医疗服务，无需亲临医院。这些应用在以下方面具体体现：首先，在线教育平台为学生提供了灵活的学习机会。学生可以根据自己的节奏和兴趣学习各种课程，无论他们身处何地。其次，远程医疗系统允许医生与患者进行远程诊断和治疗。患者可以通过视频会诊与医生交流，获取医疗建议，减少了医疗资源的浪费和时间成本。再次，计算机网络为学校和医院提供了管理和信息交流的工具，提高了教育和医疗服务的效率和质量。

第四，计算机网络也推动了科学研究和创新。

科研人员可以通过网络与全球同行合作，共同解决重大科学问题。云计算技术为科研提供了强大的计算和存储能力，促进了科学研究的进展。这一点在以下几个方面具体体现：首先，科学家可以在全球范围内共享研究数据和实验结果，加速了科学发现的传播和应用。其次，云计算技术允许研究人员访问强大的计算资源，以进行复杂的模拟和

数据分析。这种能力对于天气预测、药物研发和材料科学等领域至关重要。再次，开放式创新平台和开源软件社区推动了创新的快速发展。研究人员和开发者可以共同构建和改进软件工具和应用，这为科学研究和商业创新提供了支持。

第二节 计算机网络的发展历程

一、初期网络的发展

（一）ARPANET 的诞生

初期网络的发展可以追溯到 20 世纪 60 年代早期的 ARPANET（Advanced Research Project Agency Network），这是一个由美国国防部资助的实验性网络。ARPANET 的建立旨在解决分散式通信和资源共享的问题。具体而言，以下是初期网络发展的重要阶段和事件：

ARPANET 于 1969 年在美国加利福尼亚大学洛杉矶分校和斯坦福大学建立第一个节点，这标志着计算机网络的起步。最初的 ARPANET 连接了几所大学和研究机构的计算机，用于实验性的数据传输和资源共享。

（二）TCP/IP 协议的出现

为了实现不同计算机之间的通信，ARPANET 引入了 TCP/IP 协议套件。这一协议套件的设计思想是将数据分割成小块（数据包），然后通过网络传输，最后在接收端重新组装，这确保了数据的可靠传输。

（三）分组交换技术的应用

ARPANET 采用了分组交换技术，将数据分割成小的数据包，这使得数据传输更加高效和灵活。这一技术成为后来互联网的基础。

（四）分布式控制

ARPANET 的分布式控制架构使其更加鲁棒和可扩展，即使网络中的某个节点出现故障，数据仍然可以通过其他路径传递。

二、互联网的崛起

（一）互联网的广泛应用

互联网的崛起发生在 20 世纪 90 年代，它将世界各地的计算机连接在一起，成为全球信息的主要载体。互联网的广泛应用在以下几个方面展现出来：

1. 商业化互联网

商业化互联网是互联网广泛应用的一个重要方面。随着商业机构逐渐认识到互联网的巨大潜力，互联网不再仅限于学术和军事领域，而成为商业和经济活动的重要平台。

以下是商业化互联网的一些具体展现：

第一，电子商务的崛起。互联网为电子商务提供了无与伦比的机会。商家可以通过在线商店销售产品和服务，消费者可以轻松地浏览和购买商品。电子商务的快速发展改变了传统零售业的格局，使商家能够触及全球市场。

第二，在线支付。互联网的广泛应用推动了在线支付方式的发展。消费者可以使用信用卡、电子钱包、移动支付等各种方式完成交易，这使支付过程更加便捷和安全。

第三，电子金融。互联网银行、投资平台和虚拟货币的出现改变了金融行业。投资者可以在线管理投资组合，消费者可以在线进行银行业务，而虚拟货币如比特币则引领了数字货币的发展趋势。

第四，社交媒体广告。社交媒体平台如 Facebook、Twitter 和 Instagram 等成为广告商的关键渠道。广告商可以根据用户的兴趣和行为定位广告，提高广告的精准度和效果。

2. 万维网的出现

万维网（World Wide Web）的出现是互联网广泛应用的一个重要里程碑。它由 Tim Berners-Lee 等于 1990 年创立，WWW 为用户提供了浏览和检索信息的便捷途径，开启了信息时代的大门。以下是万维网的一些具体展现：

第一，网页浏览器的发展。首个网页浏览器，如 Mosaic 和 Netscape Navigator，使用户能够在互联网上轻松浏览网页。后来，微软的 Internet Explorer 和谷歌的 Chrome 等浏览器进一步改进了用户体验。

第二，搜索引擎的崛起。搜索引擎如 Google、Yahoo 和 Bing 等帮助用户快速找到所需的信息。搜索引擎的智能搜索算法使得信息检索更加精准和便捷。

第三，网站和博客。互联网上出现了大量的网站和博客，用于分享信息、观点和资源。这些网站涵盖了各种主题，从新闻和娱乐到教育和科学。

第四，多媒体内容。互联网成为多媒体内容的传播平台，包括图片、音频和视频。视频分享网站如 YouTube 和音乐流媒体服务如 Spotify 改变了媒体消费的方式。

3. 电子邮件和即时通信

互联网为电子邮件和即时通信提供了便捷的工具，使人们可以快速、实时地与他人进行沟通。以下是电子邮件和即时通信的一些具体展现：

第一，电子邮件的普及。电子邮件是一种快速、廉价、可靠的沟通方式。它在商业、个人和学术领域都得到广泛应用，成为重要的工作和社交工具。

第二，即时通信应用。互联网催生了多种即时通信应用，如 MSN Messenger、ICQ、AIM、WhatsApp、WeChat 和 Telegram 等。这些应用允许用户发送实时消息、图片、音频和视频，促进了全球范围内的沟通和社交互动。

第三，社交媒体平台。社交媒体平台如 Facebook、Twitter、Instagram 和 LinkedIn 等不仅允许用户分享生活和观点，还提供了实时消息传递功能，使朋友和关注者之间的互动变得更加便捷。

第四，远程工作和协作工具。互联网为远程工作和协作提供了支持。团队可以使用工作协作应用如 Slack、Microsoft Teams 和 Zoom，实时进行远程会议、文件共享和项目管理。

4. 全球信息的传播

互联网成为新闻和媒体行业的重要平台，新闻事件能够在全球范围内迅速传播，提高了信息的获取和传播效率。以下是全球信息传播的一些具体展现：

第一，新闻门户网站。互联网上出现了众多新闻门户网站，如 CNN、BBC、The New York Times 和 Al Jazeera 等。这些网站提供了实时新闻报道、分析和评论，使全球范围内的人们能够了解重大新闻事件。

第二，全球化报道。互联网使新闻机构能够跨足国界，进行全球化报道。记者可以实时报道国际新闻，而互联网用户可以获得来自世界各地的新闻信息。

第三，社交媒体和公众参与。社交媒体平台成为全球事件的见证和讨论场所。人们可以在社交媒体上分享新闻、评论事件，并与全球社区互动。

第四，全球化的观点交流。互联网使来自不同文化和地域的观点得以交流和对话。博客、社交媒体和在线论坛为人们提供了表达意见和观点的平台，促进了跨文化的理解和交流。

（二）TCP/IP 协议的普及

互联网的崛起与 TCP/IP 协议的普及密切相关。TCP/IP 协议套件成为互联网的通信标准，确保了数据的可靠传输和互联网的可扩展性。这一协议套件的广泛采用使不同计算机和网络之间的互联变得无缝，为互联网的迅速发展奠定了基础。

1. TCP/IP 协议套件的基础

TCP/IP 协议套件是一组协议的集合，用于在计算机网络中进行数据通信。它包括了一系列不同的协议，其中最重要的两个协议是 TCP（Transmission Control Protocol）和 IP（Internet Protocol）。以下是 TCP/IP 协议套件的主要特点和功能：

第一，分层结构。TCP/IP 协议套件采用了分层结构，分为四个层次：网络接口层、网络层、传输层和应用层。每个层次都负责不同的功能，如数据传输、路由、错误检测和应用程序通信。这种分层结构提高了协议的模块化性和可扩展性。

第二，可靠的数据传输。TCP 协议负责保证数据的可靠传输。它使用了一种被称为三次握手的机制来建立连接，确保数据在发送和接收之间的完整性和顺序性。如果在传输过程中出现丢失或损坏的数据包，TCP 会负责重新传输，以确保数据的正确到达。

第三，数据包路由。IP 协议负责数据包的路由，它确定了数据包从源到目的地的路径。IP 地址用于标识网络中的设备，以确保数据包沿正确的路径传输。这使得互联网上的不同计算机能够相互通信，无论它们在全球的哪个位置。

第四，开放性标准。TCP/IP 协议是一种开放性标准，可以自由使用和实现。这使得不同厂商和组织可以独立开发和部署 TCP/IP 协议，促进了互联网的发展和扩展。

2. TCP/IP 协议的普及

TCP/IP 协议套件的普及是互联网崛起的重要驱动力。以下是 TCP/IP 协议的普及过程和影响：

第一，ARPANET 和早期网络。TCP/IP 协议最早的应用可以追溯到 20 世纪 60 年代的 ARPANET，这是互联网的前身。ARPANET 采用了 TCP/IP 协议套件，这一实验性网络的成功使 TCP/IP 协议得以建立和测试。这标志着 TCP/IP 协议的最早应用和普及。

第二，互联网的商业化。随着互联网的商业化，TCP/IP 协议套件成为通信标准。商业机构开始使用 TCP/IP 协议来建立自己的内部网络和互联网连接。这一过程推动了 TCP/IP 协议的广泛采用，并促进了互联网的迅速扩张。

第三，国际互联网的建立。TCP/IP 协议的普及使得国际互联网的建立成为可能。不同国家和地区的互联网可以使用相同的协议套件进行通信，消除了互操作性障碍。这加速了国际互联网的发展，使全球范围内的信息和资源共享变得容易。

第四，互联网的爆发性增长。随着 TCP/IP 协议的广泛应用，互联网经历了爆发性的增长。越来越多的个人、企业和组织将其网络连接到互联网，创造了一个庞大的网络生态系统。这导致了互联网的扩张和多样化，出现了各种各样的在线服务和应用。

第五，互联网的全球化。TCP/IP 协议的普及促使互联网变得全球化。不同国家和地区的人们可以通过互联网进行全球范围内的通信、合作和交流。这推动了文化、经济和社会的全球化趋势。

三、新一代网络技术

（一）IPv6 的引入

随着互联网的不断发展，IPv4（Internet Protocol version 4）的地址资源逐渐枯竭，这促使新一代互联网协议 IPv6（Internet Protocol version 6）的引入。IPv6 的采用对互联网的可持续增长和未来发展具有深远影响。以下是 IPv6 的引入和影响的详细探讨：

1. IPv6 的背景

首先，IPv4 地址枯竭问题。IPv4 采用 32 位地址，最多支持约 42 亿个 IP 地址。然而，随着全球互联网用户和设备的爆炸性增长，IPv4 地址资源迅速枯竭。这导致了 IP 地址的稀缺性，使得分配 IPv4 地址变得困难。其次，IPv6 的地址空间。IPv6 采用 128 位地址，拥有约 340 千兆千兆（3.4×10^{38}）个唯一 IP 地址。这个地址空间巨大，远远超过了 IPv4 的限制，可以满足未来互联网的需求。

2. IPv6 的特点

首先，大规模地址分配。IPv6 的地址空间足够大，可以支持全球范围内的大规模设备连接，包括物联网设备、智能家居设备、移动设备等。其次，简化的头部结构。IPv6 的报文头部相比 IPv4 更简化，减少了路由器在处理数据包时的负担，提高了网络性能。再次，改进的安全性。IPv6 内置了 IPsec（Internet Protocol Security）协议，提供了更强的

网络安全性，包括数据加密和身份验证功能。最后，支持多播和任播。IPv6 支持多播和任播通信，为新型应用和服务提供了更多的选择。

3. IPv6 的采用和影响

首先，互联网服务提供商（ISP）的支持。随着 IPv4 地址枯竭的压力增大，越来越多的 ISP 开始支持 IPv6，并为其客户提供 IPv6 地址。这使得用户能够逐渐过渡到 IPv6 网络。其次，应用和服务的适配。许多应用和服务已经适配了 IPv6，以确保它们在 IPv6 网络上能够正常运行。这包括云计算服务、社交媒体平台、电子商务网站等。再次，物联网的发展。IPv6 的大规模地址分配为物联网的发展提供了关键支持。物联网设备可以获得独立的 IPv6 地址，实现互联互通。最后，全球互联网的可持续增长。IPv6 的引入确保了互联网的可持续增长和未来发展。它消除了 IPv4 地址枯竭问题，为全球互联网的扩展提供了更多的 IP 地址。

（二）5G 通信的发展

5G 通信技术的崛起标志着移动通信的革命性变革。5G 网络不仅提供了更高的数据传输速度，还具备低延迟、大容量、多连接等特性。以下是 5G 通信的发展及其对互联网的影响的详细探讨：

1. 5G 技术的特点

首先，更高的数据传输速度。5G 网络提供了更高的峰值数据传输速度，可以满足高清视频、虚拟现实（VR）、增强现实（AR）等大流量应用的需求。其次，低延迟通信。5G 网络将延迟降至最低，为实时应用如自动驾驶、远程医疗和在线游戏提供了支持。再次，大容量网络。5G 网络具备更大的容量，能够连接大规模设备和传感器，支持物联网和智能城市的发展。最后，多连接技术。5G 支持多连接技术，允许设备同时连接多个网络，提高了网络可靠性和覆盖范围。

2. 5G 对互联网的影响

首先，更快的互联网访问。5G 网络提供了更快的无线访问速度，使用户能够更快速地访问互联网内容和应用，提高了移动互联网体验。其次，支持新兴应用。5G 的低延迟和高速度为新兴应用如自动驾驶、智能家居、远程医疗和智能制造提供了关键支持。再次，物联网的发展。5G 网络为物联网设备提供了高效的连接，使物联网设备之间能够实现实时通信和数据传输。最后，边缘计算的增强。5G 网络的边缘计算支持将计算任务放置在离数据源更近的地方，降低了延迟，提高了响应速度。

3. 5G 的部署和普及

首先，全球 5G 网络的建设。全球各地的通信运营商纷纷投资于 5G 网络的建设，推动了 5G 技术的部署和普及。其次，设备和终端的支持。5G 智能手机、5G 路由器等设备的推出和普及，使更多用户能够享受到 5G 网络带来的高速互联网体验。再次，新兴产业的推动。5G 的发展将促进新兴产业的增长，包括虚拟现实（VR）、增强现实（AR）、无人机、智能制造和远程医疗等领域的应用。最后，社会和经济影响。5G 的广泛采用将对社会和经济产生深远影响。它将改善医疗保健、交通管理、城市规划、教育和娱乐等方面的服务和体验。

（三）云计算和边缘计算

云计算技术的普及和发展使计算资源和存储能力可以通过互联网远程访问和共享。云计算提供了强大的计算和存储能力，为个人、企业和研究机构提供了灵活的计算资源。边缘计算则强调将计算任务放置在离数据源和终端设备更近的地方，以降低延迟并提高响应速度。以下是云计算和边缘计算的详细探讨：

1. 云计算的特点

首先，远程访问和共享。云计算允许用户通过互联网远程访问计算资源和存储空间，无需依赖本地硬件。其次，灵活性和可伸缩性。云计算提供了可伸缩的计算资源，用户可以根据需求动态调整计算能力，降低了成本。再次，数据备份和恢复。云计算提供了数据备份和恢复功能，确保数据的安全性和可用性。最后，多租户模型。云计算支持多租户模型，多个用户可以共享云计算资源，提高了资源的利用率。

2. 边缘计算的特点

首先，降低延迟。边缘计算将计算任务放置在离数据源和终端设备更近的地方，降低了数据传输的延迟，提高了响应速度。其次，支持实时应用。边缘计算适用于需要实时数据处理的应用，如自动驾驶、工业自动化和智能城市。再次，本地数据处理。边缘计算允许在本地设备上进行数据处理，减少了对云计算中心的依赖，有助于提高安全性和隐私保护。最后，支持离线操作。边缘计算允许设备在没有互联网连接的情况下执行计算任务，增强了应用的可靠性。

3. 云计算和边缘计算的结合

云计算和边缘计算可以相互补充，形成完整的计算生态系统。云计算提供了强大的计算和存储能力，适用于大规模数据分析和长期数据存储。而边缘计算则强调实时性和低延迟，适用于实时监控、控制和决策应用。它们的结合可以满足不同应用场景的需求，提供更全面的计算支持。

第三节　研究目的与方法

一、研究目的

（一）深入理解计算机网络

本书的首要研究目的在于深入理解计算机网络的原理、技术和应用。计算机网络是现代信息社会的基础设施之一，对各行各业都具有重要意义。通过深入学习计算机网络，读者将能够了解网络的工作原理、协议和架构，从而更好地应用和管理网络资源。

（二）提供宝贵的知识

我们的研究目的还包括为读者提供有关计算机网络领域的宝贵知识。计算机网络是一个复杂的领域，涵盖了众多的概念、技术和标准。通过本书，读者将获得关于网络安全、网络管理、云计算、5G通信等方面的知识，这将有助于他们在职业发展中更具竞争力。

（三）解决实际问题

研究目的的最后一个方面是帮助读者解决实际问题。计算机网络不仅仅是一门学科，它还直接关系到日常生活中的问题解决。无论是在家庭网络配置、企业网络管理还是网络安全方面，本书将提供实用的建议和解决方案，帮助读者更好地应对各种网络挑战。

二、研究方法

（一）文献综述

本书的研究方法之一是文献综述。我们将深入研究计算机网络领域的相关文献、研究报告和学术论文，以了解该领域的最新进展、关键概念和重要趋势。这将有助于确保本书内容的准确性和前沿性。

（二）案例分析

为了更好地将理论知识转化为实际技能，我们将采用案例分析方法。通过分析真实世界的网络案例，读者将能够应用所学知识解决实际问题。这些案例涵盖了各种情景，包括网络故障排除、网络设计和网络安全事件处理。

（三）实验研究

另一种重要的研究方法是实验研究。我们将提供实验示例，允许读者在实验环境中亲自探索计算机网络的各个方面。这些实验将涵盖网络配置、协议分析、性能优化等方面，帮助读者培养实际操作技能。

（四）综合应用

本书将通过综合应用方法，将各个章节的内容联系起来，帮助读者全面理解计算机网络的综合性质。这将涉及综合案例研究、网络设计项目和模拟实验，以提高读者的综合应用能力。

第二章　计算机网络基础

第一节　计算机网络的基本概念与特点

一、计算机网络的基本概念

（一）计算机网络的定义

计算机网络是由若干台计算机和网络设备通过通信链路相互连接，以实现数据和资源共享的系统。这些计算机可以是个人计算机、服务器、路由器等，它们通过网络协议进行通信，使用户能够远程访问资源、传输数据及进行协作工作。

（二）计算机网络的要素

计算机网络包括以下基本要素：

1. 节点（Node）

节点是计算机网络中的基本单元，可以是计算机、服务器、路由器、交换机、打印机或其他网络设备。每个节点在网络中都有一个唯一的标识符，通常是 IP 地址或 MAC 地址，用于在网络中进行识别和通信。节点可以是终端设备，如个人计算机、智能手机，也可以是网络中的中间设备，如路由器和交换机。节点之间的通信通过数据包传输，节点在网络中充当数据的源或目的地。

2. 链路（Link）

链路是连接网络中各个节点的物理或逻辑通信通道。它们可以是有线的，如以太网电缆，也可以是无线的，如 Wi-Fi 信号。链路负责数据的传输，其质量和速度直接影响着数据传输的效率和可靠性。链路的特性包括带宽（数据传输速度）、延迟（数据传输延迟时间）、丢包率等。网络中的链路构成了网络拓扑结构的基础，它们可以通过公共媒介传输数据，如光纤、电缆，也可以通过空中波动传输数据，如卫星通信。

3. 协议（Protocol）

协议是计算机网络中的通信规则和约定，它们定义了数据传输的格式、数据包的结构、错误检测和纠正机制、数据包的路由和交换方式等。协议确保了不同设备之间的互操作性，使它们能够正确地交流和协作。常见的网络协议包括 TCP/IP 协议套件、HTTP、SMTP、FTP 等。TCP/IP 协议套件是互联网上的基本通信协议，它包括了 IP（Internet Protocol）、TCP（Transmission Control Protocol）、UDP（User Datagram Protocol）等子协议，它们共同构建了互联网的通信体系。

4. 拓扑结构（Topology）

拓扑结构描述了计算机网络中节点和链路的布局方式和连接方式。不同的拓扑结构对网络的性能、稳定性和可扩展性产生不同的影响。常见的网络拓扑结构包括：

第一，星形拓扑（Star Topology）。在星形拓扑中，所有节点都连接到中心节点（如交换机或集线器），中心节点负责数据的转发。这种结构易于管理和维护，但中心节点故障会影响整个网络。

第二，总线型拓扑（Bus Topology）。在总线形拓扑中，所有节点都连接到一条共享的通信线（总线）。节点通过发送数据到总线上，其他节点监听总线上的数据来接收信息。这种结构简单但容易产生冲突。

第三，环形拓扑（Ring Topology）。在环形拓扑中，节点通过连接成一个环，数据沿着环传递，直到到达目的地。这种结构在一些局域网中使用，但节点的增加会增加环的复杂性。

第四，树状拓扑（Tree Topology）。树状拓扑将多个星形拓扑连接在一起，形成一个树状结构。这种结构适用于大型网络，但需要精心设计和管理。

第五，网状拓扑（Mesh Topology）。在网状拓扑中，每个节点都直接连接到其他节点，形成了高度互联的结构。这种结构具有高可靠性和冗余性，但成本较高。

（三）计算机网络的分类

计算机网络可以根据不同的标准进行分类：

1. 按照网络的覆盖范围进行分类

按照网络的覆盖范围进行分类，计算机网络可以分为局域网、广域网和城域网。

（1）局域网

局域网是在局部区域范围内将计算机、外设和通信设备通过高速通信线路互连起来的网络系统。常见于一栋大楼、一个校园或一个企业内。

局域网所覆盖的区域范围较小，一般为几米甚至十几千米，但其连接速率较高。

局域网在计算机数量配置上没有太多的限制，少的可以只有两台，多的可达上千台。常见的局域网有以太网、令牌环网等。

局域网是最常见、应用最为广泛的一种网络，其主要特点是覆盖范围较小，用户数量少，配置灵活，速度快，误码率低。

（2）广域网

广域网也称为远程网，所覆盖的地理范围可从几十平方千米到几千平方千米，它一般是将不同城市或不同国家之间的局域网互连起来。

广域网是由终端设备、结点交换设备和传送设备组成的，设备间的连接通常是租用电话线或用专线建造的。

（3）城域网

城域网的覆盖范围在局域网和广域网之间，一般来说，是将一个城市范围内的计算机互联，这种网络的连接距离为 10 ～ 100 千米。

城域网在地理范围上可以说是局域网的延伸，连接的计算机数量更多。

2 按照网络的交换方式进行分类

按照网络的交换方式进行分类，计算机网络可以分为电路交换网、报文交换网、分组交换网和信元交换网。

（1）电路交换网

电路交换与传统的电话转接相似，就是在两台计算机相互通信时，使用一条实际的物理链路，在通信过程中自始至终使用这条线路进行信息传输，直至传输完毕。

（2）报文交换网

报文交换网的原理有点类似于电报，转接交换机实现将接收的信息予以存储，当所需要的线路空闲时，再将该信息转发出去。这样就可以充分利用线路的空闲，减少“拥塞”，但是由于不是及时发送，显然增加了延时。

（3）分组交换网

通常一个报文包含的数据量较大，转接交换机，需要有较大容量的存储设备，而且需要的线路空间时间也较长，实时性差。因此，人们又提出分组交换，即把每个报文分成有限长度的小分组，发送和交换均以分组为单位，接收端把收到的分组再拼装成一个完整的报文。

（4）信元交换网

随着线路质量和速度的提高，新的交换设备和网络技术的出现，以及人们对视频、话音等多媒体信息传输的需求，在分组交换的基础上又发展出了信元交换。

信元交换是异步传输模式中采用的交换方式。

3. 按照网络的使用用途进行分类

按照网络的使用用途进行分类，计算机网络可分为公用网和专用网。

（1）公用网

公用网也称为公众网或公共网，是指由国家的电信公司出资建造的大型网络，一般都由国家政府电信部门管理和控制，网络内的传输和转接装置可提供给任何部门和单位使用。公用网属于国家基础设施。

（2）专用网

专用网是指一个政府部门或一个公司组建经营的，仅供本部门或单位使用，不向本单位外的人提供服务的网络。

4. 按照网络的连接范围进行分类

按照网络的连接范围进行分类，计算机网络可以分为互联网、内联网和外联网。

（1）互联网

互联网是指将各种网络连接起来形成的一个大系统，在该系统中，任何一个用户都可以使用网络的线路或资源。

（2）内联网

内联网是基于互联网的 TCP/IP 协议，使用 WWW 工具，采用防止入侵的安全措施，为企业内部服务，并有连接互联网功能的企业内容网络。

内联网是根据企业内部的需求设置的，它的规模和功能是根据企业经营和发展的需求而确定的。可以说，内联网是互联网更小的版本。

（3）外联网

外联网是指基于互联网的安全专用网络，其目的在于利用互联网把企业和其贸易伙伴的内联网安全地互连起来，在企业和其贸易伙伴之间共享信息资源。

二、计算机网络的特点

（一）资源共享

计算机网络的资源共享是其最重要的特点之一。它使用户能够轻松地共享各种硬件和软件资源，实现了资源的无地域共享。这种特点具有以下几个方面的重要性：

1. 硬件资源共享

计算机网络允许多台计算机共享硬件资源，包括中央处理器（CPU）、内存、存储设备、打印机等。这一特点在企业和组织中具有重要意义。例如，多个员工可以共享一台高性能服务器，而无需为每个员工单独购买计算设备。这降低了硬件成本，提高了资源利用率。另外，服务器虚拟化技术使得在一台物理服务器上运行多个虚拟服务器成为可能，进一步提高了硬件资源的利用率。

2. 外部设备共享

计算机网络还支持外部设备的共享，包括打印机、扫描仪、绘图仪等。在办公环境中，多个用户可以通过网络访问同一台打印机，这消除了需要为每个用户购买独立打印机的需求，减少了成本。此外，共享的扫描仪可以帮助多个用户轻松获取和共享文档。

3. 软件和数据共享

计算机网络不仅支持硬件资源的共享，还允许用户访问和共享软件和数据。这一特点在协同工作和资源管理中至关重要。例如，在企业中，团队成员可以通过网络访问共享的文档和应用程序，实现协同工作。云计算技术更是将软件和数据共享推向了新高度，用户可以通过云平台轻松访问各种应用程序和存储服务。

（二）数据通信

计算机网络的数据通信功能是其核心特点之一。它使计算机和终端之间及计算机之间能够进行各种信息的传送。这种特点带来了多重好处：

1. 克服地域限制

计算机网络克服了地域限制，将世界各地的计算机连接在一起。这一特点使得无论用户身在何处，都能够通过互联网进行信息交流和数据传输。无论是电子邮件、即时消息还是在线视频会议，都使人们能够实现远程通信。这对于个人、企业和政府机构都具有重要意义。例如，在紧急情况下，远程医疗服务可以挽救生命，而全球商业合作也可以随时进行。

2. 远程协作

计算机网络为分布在不同地理位置的团队提供了远程协作的机会。团队成员可以共享文件、同时编辑文档，甚至在不同地点协同工作。这一特点在全球化时代尤为重要，因为公司和组织可能在全球范围内拥有分支机构和团队。远程协作通过减少地理距离的限制，提高了工作效率和灵活性。

3. 全球化通信

互联网作为一种广域网，连接了全球各地的网络，实现了全球范围内的信息传递和通信。这种全球化通信促进了全球化，促使人们更紧密地联系在一起。全球企业可以通过互联网销售产品，全球新闻事件可以在瞬间传播，全球合作变得更加容易。这一特点对于推动国际贸易、文化交流和科学研究都具有积极作用。

（三）集中管理

在计算机网络中，网络资源可以在某个中心位置被集中管理，这是另一个重要特点。这种特点体现在以下方面：

1. 中心化管理

计算机网络允许网络管理员在中心位置对整个网络进行管理和监控。这种中心化管理方式的好处在于，管理员可以集中配置、维护和监控网络设备，确保网络的稳定性和安全性。管理员可以使用网络管理工具来查看网络流量、设备状态、安全事件等信息，并采取必要的措施来解决问题。这种中心化管理方式适用于大型组织和企业，能够有效降低管理成本和提高网络效率。

2. 数据库管理

许多组织和企业使用计算机网络来管理和存储大量的数据，如客户信息、销售记录、库存数据等。数据库管理系统允许这些数据在网络中被集中管理和访问。通过网络连接到数据库服务器，用户可以方便地查询和更新数据，确保数据的一致性和可用性。此外，数据库管理系统还提供了数据备份和恢复功能，以保护数据免受意外损失。

3. 远程管理

计算机网络支持远程管理，这意味着管理员可以运用网络远程管理服务器和设备，而不必亲临现场。这对于大型组织、跨越多个地理位置的企业及远程办公环境非常有用。远程管理工具允许管理员远程配置、维护和监控设备，提高了工作的效率和灵活性。此外，远程管理还降低了因出差和现场维护所带来的成本和时间消耗。

（四）分布式网络处理

计算机网络的分布式网络处理特点使得任务可以被分散到网络中的多台计算机上运行，或由多台计算机共同完成，而不是集中在一台大型计算机上运行。这带来了以下好处：

1. 任务分担

分布式网络处理的一个重要特点是任务分担。大型任务可以被分散到网络中的多台计算机上进行处理。这种分布式任务处理的好处在于降低了单台计算机的负担，从而提高了任务的处理效率。任务可以根据其性质和复杂性被分配给不同的计算节点，以最大程度地利用计算资源。例如，在科学计算中，复杂的计算任务可以被分布到多个计算节点上并行处理，从而加快了计算速度。

2. 降低成本

分布式网络处理还可以降低系统建设和维护的成本。相比于使用大型主机或超级计算机来处理所有任务，分布式系统可以使用成本较低的普通计算机。这降低了硬件和设备的采购成本。此外，分布式系统通常更容易扩展，可以根据需要添加更多的计算节点，而无需进行大规模的更改或升级。这降低了系统维护的复杂性和成本。

3. 提高可靠性

即使某个计算机节点发生故障，其他计算机仍然可以继续处理任务。这种冗余性有助于确保系统的持续可用性和稳定性。分布式系统通常具有容错机制，可以自动检测故障并将任务重新分配给可用节点。这种自动故障恢复机制提高了系统的鲁棒性，减少了因硬件故障导致的服务中断。

（五）负载均衡

计算机网络支持负载均衡，当某台计算机的任务负荷过重时，可以将任务分散到其他计算机上，以实现均衡负载。这种特点有助于：

1. 提高性能

负载均衡是为了提高整个计算机网络的性能而设计的。将任务分散到多个计算机节点上，可以更有效地利用计算资源，加速任务的处理速度，从而提高了整个系统的性能。这对于需要处理大量请求或需要高度并行处理的应用程序特别有用。例如，在一个高流量的网站上，负载均衡可以将用户请求均匀地分配给多台服务器，以避免某一台服务器过载，从而保持响应时间短且系统快速。

2. 保证可用性

负载均衡有助于保证系统的可用性。当一台计算机节点因故障、维护或其他原因而不可用时，负载均衡可以自动将任务分配给其他可用的节点。这种自动故障转移机制有助于防止因单点故障而导致的系统服务中断。负载均衡还可以监测节点的健康状态，及时检测到故障，并将请求路由到可用的节点，以确保服务的连续性。

（六）提高系统可靠性

计算机网络通过备份技术来提高系统的可靠性。这一特点在需要高可靠性的应用中尤为重要，例如实时控制系统和关键任务处理。以下是提高系统可靠性的方式：

1. 后备机制

计算机网络中的后备机制是一种关键的策略，旨在确保系统在故障发生时能够继续运行。当某台计算机发生故障或不可用时，后备机制会自动将任务分配给其他可用的计算机，以保持系统的连续性。这种方式可以防止单点故障引发整个系统的停机。

2. 冗余系统

冗余系统是通过配置多个相同或相似的计算机节点来提高系统可靠性的一种方法。这些节点可以同时运行，而一台计算机的故障不会对系统的正常运行产生重大影响。冗余系统通常采用主备份或活动—活动模式，确保即使在一台计算机故障时也能保持系统的连续性。

3. 故障检测和恢复

计算机网络可以实施故障检测和恢复机制，以及时发现并应对问题。通过实时监测计算机和设备的状态，系统可以检测到故障并采取措施，例如自动切换到备用设备、恢复丢失的数据，或通知管理员进行手动干预。这有助于最小化故障对系统的影响。

（七）人工智能

随着计算机网络技术和人工智能的发展，网络管理和资源分配变得更加智能化。计算机网络可以应用人工智能技术来实现以下功能：

1. 信息挖掘

信息挖掘是一项关键的任务，特别是在大规模数据的情况下。计算机网络可以利用人工智能技术，如机器学习和自然语言处理，来自动识别、分类和提取有用的信息。这有助于用户从海量数据中快速获取所需的信息，例如搜索引擎可以通过分析用户的搜索历史和行为来提供更精确的搜索结果。

2. 智能筛选

计算机网络可以通过人工智能技术自动筛选和过滤不良信息。例如，垃圾邮件过滤器可以使用机器学习算法来检测和拦截垃圾邮件，从而提高了电子邮件通信的效率和安全性。类似的，网络安全工具可以自动检测和隔离恶意软件和网络攻击，有助于保护系统的安全。

3. 自动化管理

人工智能在网络资源管理中起着关键作用。网络管理员可以利用自动化工具来管理和维护网络设备，自动调整网络配置以适应流量变化，实现负载均衡，从而提高了网络的性能和可用性。自动化管理还包括自动化故障检测和恢复，这使系统更具弹性。

4. 智能安全

计算机网络的安全性对于保护用户和组织的信息至关重要。人工智能可以用于实时入侵检测和安全监控。智能安全系统可以分析网络流量和用户行为，及时识别潜在的安全威胁，并采取措施应对。这有助于减少网络攻击的风险，提高系统的安全性。

第二节　OSI参考模型与TCP/IP协议族

一、OSI 参考模型

OSI（Open System Interconnection）参考模型是一个用于理解和设计计算机网络的标准框架。它将网络通信过程划分为七个不同的层级，每个层级具有特定的功能和责任。这些层级按照自上而下的顺序包括：

（一）应用层（Application Layer）

应用层是 OSI 模型中的最顶层，也是用户与计算机网络互动的入口。在这一层，用户可以访问各种网络应用程序和服务，如 Web 浏览器、电子邮件客户端、文件传输协议（FTP）、远程桌面协议（RDP）等。应用层的主要功能包括：

用户接口：提供用户友好的界面，使用户能够轻松访问网络应用和服务。

数据格式化：负责数据的格式化和编码，以确保数据在传输过程中能够被正确解释和显示。

数据安全：提供数据加密和解密功能，以确保数据的机密性和完整性。

会话管理：支持会话的建立、维护和终止，以便用户能够持续地与网络应用交互。

应用层协议：定义了应用程序之间通信的规则和约定，如 HTTP、SMTP、POP3 等。

（二）表示层（Presentation Layer）

表示层位于 OSI 模型中，负责处理数据的格式化、编码和解码，以确保不同设备之间能够正确解释和显示数据。主要功能包括：

数据格式转换：将数据从一个格式转换为另一个格式，以适应不同设备或应用程序的要求。

数据加密和解密：提供数据的加密和解密功能，以保护数据的安全性。

数据压缩：对数据进行压缩，以减少传输时的带宽占用和传输时间。

字符集转换：将数据从一种字符集转换为另一种字符集，以支持多语言和字符编码的兼容性。

数据表示：负责将数据转换为适合传输的格式，并在接收端将其还原为原始数据。

（三）会话层（Session Layer）

会话层管理用户之间的通信会话，负责建立、维护和终止会话。其主要功能包括：

会话控制：负责建立、管理和终止通信会话，确保数据的有序传输。

会话同步：管理会话期间的数据同步，以确保数据的一致性。

会话恢复：处理会话期间的错误和异常情况，以便及时恢复通信。

会话安全：提供会话级别的安全性，包括身份验证和加密。

检查点和回滚：支持检查点和回滚机制，以便在会话发生故障时能够恢复到先前的状态。

（四）传输层（Transport Layer）

传输层负责端到端的数据传输，其主要功能包括：

数据分段和重组：将应用层的数据分成合适大小的数据段，并在接收端重组它们。

端口管理：使用端口号标识不同的应用程序和服务，以确保数据被正确地传递给目标应用程序。

流量控制：管理数据的流量，以防止数据丢失和拥塞。

差错检测和纠正：检测和纠正传输中可能发生的错误，以确保数据的可靠性。

传输协议：常见的传输层协议包括传输控制协议（TCP）和用户数据报协议（UDP）。

（五）网络层（Network Layer）

网络层是OSI模型中的第五层，主要负责数据包的路由和交付，以确保数据能够从源节点传输到目标节点。其主要功能包括：

逻辑地址分配：为每个网络设备分配唯一的逻辑地址，如IP地址。

路由选择：根据目标地址选择最佳的路径，以便数据包能够按最有效的方式传输。

数据包封装和解封装：将数据包封装成适合传输的格式，并在接收端解封装还原。

错误处理：处理数据包在传输过程中可能发生的错误，如丢失或损坏。

数据包转发：将数据包从一个网络节点传输到另一个网络节点，包括跨越不同网络的路由。

网络拓扑管理：维护网络拓扑结构，确保网络的正常运行。

（六）数据链路层（Data Link Layer）

数据链路层位于OSI模型中的第六层，主要处理相邻节点之间的数据传输。其主要功能包括：

帧封装和解封装：将数据分成帧，并在接收端解封装还原成原始数据。

访问控制：管理多个设备共享同一物理介质的访问，以避免冲突和碰撞。

差错检测和纠正：检测和纠正数据在传输中可能发生的错误，以确保数据的可靠性。

数据流控制：管理数据的流动，以防止数据丢失和拥塞。

数据帧传输：将数据帧从一个物理介质传输到另一个物理介质，通常是相邻的网络节点之间。

（七）物理层（Physical Layer）

物理层是OSI模型中的底层，负责定义数据传输的物理介质和传输方式。其主要功能包括：

电子信号传输：将数据转换为电压、电流或光信号，并在不同物理介质之间传输。

物理拓扑：定义网络中节点和连接的布局方式，如星形、总线形、环形等。

传输介质管理：管理不同传输介质，如网线、光纤、无线信道等。

时钟同步：确保发送和接收节点之间的时钟同步，以便准确传输数据。

数据速率管理：定义数据传输的速率和带宽。

二、TCP/IP 协议族

TCP/IP 协议族是现代互联网所采用的主要协议体系，它构建了互联网的基础，实现了全球范围内的数据通信。TCP/IP 协议族包括一系列协议和层级，每个层级负责不同的网络功能，协同工作以确保数据的可靠传输和交付。

（一）应用层（Application Layer）

1. 应用层概述

应用层是 TCP/IP 协议族的最顶层，位于协议栈的顶端，其主要任务是为用户提供网络应用与服务的接口，使用户能够与网络进行交互。在应用层中，各种应用程序和协议得以实现，包括 Web 浏览器、电子邮件客户端、文件传输协议（FTP）、远程登录协议（SSH）等。应用层协议定义了数据的格式和交换规则，以确保数据的可靠传输。

2. 常见应用层协议

HTTP（超文本传输协议）：用于在 Web 上传输超文本文档的协议，支持客户端和服务器之间的通信。

SMTP（简单邮件传输协议）：用于电子邮件的发送，确保邮件能够被可靠地交付到接收方的邮件服务器。

POP3（邮局协议版本 3）：用于电子邮件的接收，允许用户从邮件服务器上下载邮件。

FTP（文件传输协议）：用于在网络上传输文件，支持文件上传和下载。

DNS（域名系统）：用于将域名解析为 IP 地址，使用户能够通过友好的域名访问网站。

3. 应用层的特点

用户友好性：应用层协议旨在提供用户友好的界面，使用户能够轻松访问网络上的各种服务和资源。

协议多样性：TCP/IP 协议族中有许多不同的应用层协议，每个协议都针对特定的应用场景和需求。

数据格式定义：应用层协议定义了数据的格式、编码和交换规则，以确保不同系统之间能够正确理解和处理数据。

（二）传输层（Transport Layer）

1. 传输层概述

传输层是 TCP/IP 协议族的第二层，负责端到端的数据传输。其主要任务包括提供可靠的数据传输机制、错误检测和纠正、流量控制和拥塞控制。传输层的关键特点是确保数据从源节点传输到目标节点，同时提供了一系列协议和服务来满足不同的需求。

2. 常见传输层协议

TCP(传输控制协议):TCP 提供可靠的、面向连接的数据传输，通过序号和确认号等机制来确保数据的有序和完整传输。

UDP(用户数据报协议):UDP 提供无连接的数据传输，适用于实时性要求较高的应用，如音频和视频传输。

3. 传输层的特点

可靠性:TCP 通过建立连接、数据分段、确认和重传等机制来确保数据的可靠传输。

流量控制:传输层通过流量控制来避免发送方过快发送数据，以免造成拥塞。

拥塞控制:传输层使用拥塞控制算法来防止网络拥塞，如 TCP 的拥塞窗口调整机制。

(三)网络层(Network Layer)

1. 网络层概述

网络层是 TCP/IP 协议族的第三层，主要负责数据包的路由和交付。它使用 IP 地址来唯一标识网络上的设备，并确定数据包的最佳路径，以便从源节点传输到目标节点。网络层协议的核心是互联网协议(IP)，它定义了数据包的封装和路由规则。

2. 常见网络层协议

IPv4(互联网协议版本 4):目前广泛使用的 IP 协议版本，使用 32 位地址。

IPv6(互联网协议版本 6):用于解决 IPv4 地址枯竭问题，使用 128 位地址。

ICMP(Internet 控制消息协议):用于在网络上发送错误和控制消息，如 ping 命令使用的协议。

路由协议(例如 OSPF、BGP):用于确定数据包的最佳路径和路由表的更新。

3. 网络层的特点

IP 地址唯一性:每个设备在网络上都有唯一的 IP 地址，用于标识设备的位置。

路由与转发:网络层负责确定数据包的路由和最佳路径，以便数据能够从源节点到目标节点。

路由表:网络层维护路由表，记录了可用的网络路径和下一跳路由器。

(四)数据链路层(Data Link Layer)

1. 数据链路层概述

数据链路层是 TCP/IP 协议族的第四层，负责处理相邻节点之间的数据传输。它的主要任务是将数据帧从一个物理介质传输到另一个物理介质，通常涉及相邻的网络节点之间。数据链路层包括了一系列协议和技术，以确保数据的可靠传输。

2. 常见数据链路层协议

以太网(Ethernet):以太网是最常见的数据链路层协议，用于局域网(LAN)中的数据传输，它规定了帧的格式和访问控制规则。

Wi-Fi:无线局域网中使用的数据链路层协议，允许无线设备进行数据传输。

PPP(点对点协议):用于建立串行连接的协议，通常用于拨号连接和 DSL 等。

HDLC（高级数据链路控制）：一种数据链路层协议，用于广域网（WAN）中的数据传输。

3. 数据链路层的特点

帧封装和解封装：数据链路层将网络层的数据包封装成数据帧，包括了地址、控制信息和校验等字段，以便在物理介质上传输。

访问控制：数据链路层协议定义了多个设备如何共享同一物理介质，以避免碰撞和冲突。

差错检测和纠正：数据链路层使用差错检测和纠正技术来确保数据的完整性，如 CRC 校验。

（五）物理层（Physical Layer）

1. 物理层概述

物理层是 TCP/IP 协议族的底层，负责定义数据传输的物理介质和传输方式，如电压、光信号、电流等。物理层的主要任务是将比特流从一个节点传输到另一个节点，而不关心数据的含义或结构。它与硬件和电信设备紧密相关。

2. 物理层的特点

物理介质：物理层规定了如何在不同的传输媒体上传输比特流，如铜线、光纤、无线电波等。

传输速率：物理层定义了数据传输的速率，如千兆以太网、光纤通信等。

信号编码：物理层使用信号编码来将比特转换为电压、光信号或其他形式的信号，以便在传输媒体上传输。

第三节　数据链路层的原理与协议

一、数据链路层基本原理

数据链路层是 OSI 参考模型中的第六层，位于物理层之上，其主要作用是在相邻的网络节点之间提供可靠的数据传输，负责将数据帧从一个物理介质传输到另一个物理介质。

（一）数据封装

数据链路层的首要任务是将从网络层接收到的数据包封装成数据帧。这个过程包括以下步骤：

1. 帧起始和结束标记

在数据链路层的数据封装过程中，添加帧起始和结束标记是为了标识数据帧的起始和结束位置。这些标记位通常是特定的比特模式，用于告知接收端何时开始和结束解析数据帧。

首先，通常是一个特定的比特序列，例如在以太网中，起始标记是一个由 7 个字节 0x55（二进制模式为 01010101）构成的比特序列。这个模式在数据传输中是相对不常见的，因此能够明显标识帧的开始。其次，与起始标记类似，结束标记用于标识数据帧的结束。在以太网中，帧结束标记是一个由 1 个字节 0x0D（二进制模式为 00001101）和 1 个字节 0x0A（二进制模式为 00001010）构成的比特序列，通常被称为”Carriage Return”和”Line Feed”。

2. 目标地址和源地址

数据链路层使用物理地址，也称为 MAC 地址（Media Access Control 地址），来确定数据包的接收者和发送者。MAC 地址是一个全球唯一的地址，通常由硬件制造商分配。

第一，目标地址。在数据帧中，通常包含了目标设备的 MAC 地址，用于指示数据帧的接收者。接收端的网络接口会比对目标 MAC 地址，以确定是否接收该帧。第二，源地址。源地址字段包含了数据帧的发送者的 MAC 地址。这允许接收端知道帧的来源。

3. 帧类型字段

帧类型字段用于指示数据包的类型，例如数据帧还是控制帧，以及数据包所使用的上层协议。这个字段对于接收端来说很重要，因为它告诉接收端如何解析数据包。

在以太网中，帧类型字段是一个 16 比特的字段，通常包括以下信息：第一，上层协议类型。指示数据包使用的上层协议，如 IPv4 或 IPv6。第二，长度信息。在某些情况下，帧类型字段可能包含数据帧的长度信息。

4. 数据字段

数据字段是数据帧中最重要的部分，它包含了从网络层接收到的数据。数据字段的长度可以根据需要变化，但通常有一个最大帧大小的限制，以避免在传输过程中的碰撞或其他问题。

5. 冗余检测码（如 CRC）

为了确保数据帧在传输过程中的完整性，数据链路层通常会添加冗余检测码，如 CRC（Cyclic Redundancy Check）。

CRC 是一种校验码，它通过对数据帧的内容进行数学运算，生成一个校验值，并将这个校验值添加到数据帧中。接收端也会执行相同的数学运算，然后将结果与接收到的 CRC 值进行比较，以检测数据帧是否在传输过程中发生了错误。

这个冗余检测码的添加可以帮助数据链路层识别并丢弃在传输过程中发生了错误的数据帧，以确保数据的完整性。

（二）帧的传输

数据链路层在数据帧被封装后，负责将这些帧发送到目标节点。这一过程涉及多个关键方面，包括帧的传输介质和帧的传输方法。在不同的数据链路层协议中，这些方面可能有所不同，但它们共同确保了数据帧的有效传递。

1. 帧的传输介质

数据链路层协议定义了帧在物理介质上传输的方式。不同的网络和应用环境可能使用不同的传输介质，以下是一些常见的传输介质和它们的特点：

（1）电缆

双绞线（Twisted Pair）：常用于局域网（LAN）中，如以太网，具有较短的传输距离。

同轴电缆（Coaxial Cable）：用于较长距离的数据传输，如电视有线网络。

（2）光纤

单模光纤（Single-mode Fiber）：适用于长距离传输，具有高带宽和低损耗。

多模光纤（Multi-mode Fiber）：用于中短距离传输，带宽较低且成本较低。

（3）无线电波

Wi-Fi：使用 2.4 GHz 和 5 GHz 频段的无线电波进行数据传输，适用于无线局域网（WLAN）。

蓝牙（Bluetooth）：短距离通信的无线电技术，用于连接蓝牙设备。

（4）卫星通信

卫星通信：通过卫星中继进行数据传输，适用于广域网（WAN）和远程通信。

2. 帧的传输方法

帧的传输方法涉及如何在物理介质上传输数据帧，这取决于数据链路层协议的设计和网络拓扑。以下是一些常见的帧的传输方法：

（1）广播传输

广播传输是一种将数据帧发送到同一物理介质上的所有设备的方式，通常用于局域网（LAN）。在广播传输中，每个设备都能接收到发送到广播地址的帧，并根据目标 MAC 地址来确定是否接收该帧。以太网使用广播传输，当一台设备发送广播帧时，所有连接到同一以太网段的设备都能接收到该帧。

（2）点对点传输

点对点传输是一种将数据帧直接发送到目标设备的方式，通常用于广域网（WAN）和点对点连接。在点对点传输中，发送设备和接收设备之间建立了直接的物理连接，只有目标设备能够接收并处理帧。例如，PPP 协议使用点对点传输，每个 PPP 连接都是一对一的点对点连接。

（三）帧的接收

接收端的数据链路层负责解封装接收到的数据帧，提取有效数据，并将其传递给上层协议（通常是网络层）。这个过程包括以下步骤：

1. 检测起始和结束标记

接收端首先需要检测数据帧的起始和结束标记，以确定帧的开始和结束位置。这些标记通常是特定的比特模式，与发送端约定好的。检测起始和结束标记可以帮助接收端正确地定位帧的边界。

例如，在以太网中，起始标记通常是由 7 个字节 0x55（01010101）构成的比特序列，结束标记是由 1 个字节 0x0D（00001101）和 1 个字节 0x0A（00001010）构成的比特序列。

2. 目标地址匹配

接收端的数据链路层会检查数据帧中的目标 MAC 地址是否与接收者的 MAC 地址匹配。这是为了确保数据帧只被发送到正确的接收者，而不被其他设备接收和处理。

如果目标 MAC 地址与接收者的 MAC 地址匹配，接收端将继续处理数据帧。如果不匹配，数据帧将被丢弃，因为它不是发送给该设备的。

3. 错误检测和纠正

数据在传输过程中可能会受到噪声、干扰或其他问题的影响，导致帧中的比特发生错误。为了确保数据的完整性，数据链路层通常使用冗余检测码（如 CRC）等技术来检测错误。

CRC 是一种校验码，它在数据帧中添加一个校验值。接收端会执行相同的 CRC 计算，然后将结果与接收到的 CRC 值进行比较。如果两者不匹配，说明数据帧中存在错误，接收端将丢弃该帧。

4. 提取数据

如果数据帧通过了上述步骤的检测和验证，接收端的数据链路层将提取帧中的有效数据字段。这些数据字段包含了从网络层传输过来的数据，可以是 IP 数据包、UDP 数据包等，具体取决于帧的类型和网络协议。

一旦有效数据被提取，数据链路层将其传递给上层协议，通常是网络层协议（如 IPv4 或 IPv6）。上层协议将继续处理数据，将其交付给相应的应用程序或协议栈中的其他层。

二、常见数据链路层协议

（一）以太网（Ethernet）

以太网是广泛应用于局域网（LAN）的一种数据链路层协议，它使用 CSMA/CD（Carrier Sense Multiple Access with Collision Detection）技术来协调多个设备在共享传输介质上的数据传输。

1. 以太网帧格式

以太网帧的格式是其最基本的特征，它定义了如何在物理介质上传输数据。以太网帧通常包括以下字段：

目标 MAC 地址：以太网使用 48 位的 MAC 地址来唯一标识每个网络设备，目标 MAC 地址指示数据帧的接收者。

源 MAC 地址：源 MAC 地址表示数据帧的发送者。

类型字段：类型字段指示数据包的类型，例如 IPv4、IPv6、ARP（地址解析协议）等，帮助接收端识别上层协议。

数据字段：数据字段包含了从网络层接收到的数据，这是上层协议的有效负载。

CRC 校验字段：CRC（Cyclic Redundancy Check）校验字段用于检测数据帧在传输过程中的错误，以确保数据的完整性。

2. 物理介质

以太网具有灵活性，可以在多种不同的物理介质上运行，以适应各种网络需求。以下是一些常见的物理介质：

双绞线（Twisted Pair）：以太网最常见的物理介质之一，包括 Cat 5e、Cat 6、Cat 6a 等类型的电缆。它们支持不同的传输速率，如 10 Mbps、100 Mbps、1 Gbps 和 10 Gbps。

光纤（Optical Fiber）：光纤提供了更高的带宽和远距离传输能力，适用于长距离 LAN 连接和数据中心网络。

无线电波（Wireless）：Wi-Fi 技术使以太网可以在无线局域网（WLAN）中运行，允许设备通过无线电波进行通信，适用于移动设备和无线网络。

3. 速率

以太网支持多种传输速率，这允许网络管理员根据具体需求选择合适的速率。以下是一些常见的以太网速率：

10 Mbps：以太网的最早版本，通常用于旧型设备和低速网络。

100 Mbps：也称为 Fast Ethernet，提供更高的速度，适用于中小型企业和部分数据中心。

1 Gbps：千兆以太网，用于要求更高带宽的网络，如企业网络和数据中心。

10 Gbps：10 千兆以太网，用于大型数据中心、高性能计算和超高速网络。

以太网的多速率支持使其成为适用于各种不同规模和性能要求的网络的理想选择。

（二）Wi-Fi

Wi-Fi 是一种无线数据链路层协议，用于连接无线局域网（WLAN）中的设备。Wi-Fi 使用无线电波进行数据传输，其特点包括：

1. 无线信道

Wi-Fi 设备使用特定的频段进行通信，主要集中在 2.4 GHz 和 5 GHz 两个频段。这些频段分为多个无线信道，每个信道具有一定的带宽，允许多台设备在同一时间内进行通信。使用不同频段和信道可以减少干扰，提高无线网络的性能和稳定性。

2.4 GHz 频段：这是最常见的 Wi-Fi 频段，具有较好的穿透能力，但因为受到其他无线设备和微波炉等电器的干扰，可能会出现拥塞。

5 GHz 频段：5 GHz 频段提供更多的信道选择，更适合高密度的无线网络环境，但信号穿透能力相对较差。

2. 访问点（AP）

Wi-Fi 网络通常由一个或多个访问点（Access Point，AP）组成，它们是无线设备连接到有线网络的桥梁。访问点负责将无线设备的数据流量转发到有线网络上的路由器或交换机，并将有线网络上的数据流量转发到无线设备。访问点通常设置在需要无线覆盖的区域，以提供无线接入。

大型部署可能需要多个访问点来覆盖广大区域，并提供更好的信号覆盖和容量。

3. 安全性

Wi-Fi 协议包括安全性特性，以保护数据的机密性和完整性，防止未经授权的访问和数据泄露。一些常见的 Wi-Fi 安全性标准包括：

WEP（Wired Equivalent Privacy）：WEP 是最早的 Wi-Fi 安全标准，但已被认为不安全，容易受到破解攻击。

WPA（Wi-Fi Protected Access）：WPA 引入了更强的加密和认证机制，提高了 Wi-Fi 网络的安全性。

WPA2：WPA2 进一步改进了 Wi-Fi 的安全性，采用了更强的加密算法（如 AES）。

WPA3：WPA3 是最新的 Wi-Fi 安全标准，提供更高级的安全性特性，包括防止密码破解和保护公共无线网络连接的机密性。

这些安全性特性可用于加密无线数据传输，确保只有授权用户能够连接到 Wi-Fi 网络，并提供了对网络的保护。

（三）PPP（Point-to-Point Protocol）

PPP 是一种点对点数据链路层协议，通常用于串行连接，如拨号连接和 DSL。PPP 包括以下重要方面：

1. 帧格式

PPP 帧的格式定义了数据在传输过程中的组织方式，以确保数据的可靠传输。一个典型的 PPP 帧包括以下字段：

起始标志（Flag）：指示帧的开始，通常为 01111110。

地址字段（Address）：通常为 8 位，但在实际使用中几乎总是设置为二进制 11111111，表示广播地址。

控制字段（Control）：通常为 8 位，但在实际使用中几乎总是设置为二进制 00000011，表示数据链路层控制。

协议字段（Protocol）：指示帧中上层协议的类型，例如 IPv4 或 IPv6。

数据字段（Data）：包含来自网络层的数据。

帧校验序列（Frame Check Sequence，FCS）：用于检测传输过程中的错误。

2. 认证

PPP 支持多种认证方法，以确保连接的安全性和可信度。两个常用的认证协议是：

PAP（Password Authentication Protocol）：PAP 是一种基于用户名和密码的简单认证协议，但它的安全性较低，因为密码以明文形式传输。

CHAP（Challenge Handshake Authentication Protocol）：CHAP 提供更高的安全性，它使用挑战—响应机制，密码在传输过程中不以明文形式传输，而是进行了加密处理，增强了认证的安全性。

3. 多协议支持

PPP 设计灵活，支持多种上层协议的封装和传输。这意味着 PPP 可以同时支持多种不同的网络层协议，包括：

IPv4：PPP 最常用于封装和传输 IPv4 数据包，适用于许多互联网连接。

IPv6：PPP 同样支持 IPv6，IPv6 是为了适应 IPv4 地址枯竭和未来网络需求而引入的新协议。

IPX：PPP 可以用于传输 IPX（Internetwork Packet Exchange）协议的数据，用于某些特定的网络环境。

苹果 Talk：苹果 Talk 是苹果计算机的一种通信协议，PPP 可以用于封装和传输这种协议。

第四节　网络层的路由与转发

一、网络层基本概念

网络层是 OSI 参考模型中的第五层，它在网络通信中扮演着至关重要的角色。网络层负责数据包的路由和转发，确保数据从源节点传输到目标节点。

（一）数据包的传输

网络层是 OSI 参考模型中的第三层，它承担了数据包的传输任务，确保数据能够从源节点传输到目标节点。

1. 数据包的分割

数据包的分割是网络层的一个关键任务，它将上层提供的数据划分为较小的数据包。这个过程有助于更高效的数据传输，特别是在网络中需要穿越不同的节点和链路时。

第一，数据分段。网络层接收到上层传来的较大数据块，将其分割成多个较小的数据包。这个过程通常按照最大传输单元（MTU）的大小进行划分，以确保数据包在网络中能够正常传输。

第二，封装。每个数据包会被封装成一个独立的网络层数据单元，通常包含了目标设备的 IP 地址和其他必要的控制信息。

第三，数据包序号。有些情况下，数据包可能需要分割成多个部分，并按照顺序进行传输。这时，每个数据包会被赋予一个序号，以便在接收端正确地重新组装数据。

2. 传输路径的确定

网络层负责确定数据包的传输路径，以确保它能够顺利地到达目标设备。这个路径的确定是网络通信中的关键步骤，它通常涉及多个路由器和网络链路。

第一，路由决策。在网络中，数据包需要从源设备传输到目标设备，但通常有多种可能的路径。网络层使用路由算法来选择最佳路径，考虑因素包括路径的长度、拥塞情况、质量等。

第二，路由表。路由表是路由器和交换机中存储路由信息的重要数据结构。它包含了网络拓扑信息、可用路径和目标网络地址等。路由器根据路由表中的信息来做出路由决策。

第三，动态路由。在大型网络中，网络拓扑可能会经常变化。为了适应这些变化，动态路由协议允许路由器之间自动交换路由信息，以更新路由表，确保数据包能够通过可用路径传输。

3. 地址信息

每个数据包都包含了目标设备的地址信息，通常是目标设备的 IP 地址。这个地址信息是网络层中的关键元素，用于在网络中路由数据包，确保它到达正确的目的地。

第一，IP 地址。IP 地址是网络层使用的主要地址类型，用于唯一标识网络上的设备和路由器。IPv4 和 IPv6 是两个主要的 IP 地址版本，它们分别使用 32 位和 128 位二进制数表示。

第二，目标地址。每个数据包都包含了目标设备的地址信息，以便路由器知道将数据包发送到何处。

第三，源地址。数据包还包含了源设备的地址信息，以便目标设备知道数据包的来源。

（二）IP 地址

IP 地址是网络层使用的关键标识符，它用于唯一标识网络上的设备和路由器。IPv4 和 IPv6 是两个常用的 IP 地址版本：

1. IPv4 地址

IPv4（Internet Protocol version 4）地址是一种用于标识网络上设备位置的地址方案，它是互联网上广泛使用的标准。以下是关于 IPv4 地址的详细信息：

格式：IPv4 地址是 32 位的二进制数，通常以点分十进制（Dotted Decimal Notation）的形式表示。它由四个八位字段组成，每个字段的取值范围是 0 到 255，如 192.168.1.1。

唯一性：每个 IPv4 地址在全球范围内应该是唯一的，以便准确地标识网络上的每个设备。然而，由于 IPv4 地址空间有限，导致 IPv4 地址枯竭，这是 IPv6 被引入的原因之一。

子网掩码：IPv4 地址通常与子网掩码一起使用，以划分网络中的子网。子网掩码定义了哪些位用于网络标识，哪些位用于主机标识。

私有地址空间：IPv4 还定义了一些私有地址空间，用于内部网络，例如 192.168.0.0/16。这些地址通常不用于公共互联网。

2. IPv6 地址

IPv6（Internet Protocol version 6）地址是 IPv4 的继任者，引入了更大的地址空间以解决 IPv4 地址枯竭问题。以下是关于 IPv6 地址的详细信息：

格式：IPv6 地址是 128 位的二进制数，通常以冒号分隔的八组十六进制数字表示，如 2001：0db8：85a3：0000：0000：8a2e：0370：7334。

地址空间：IPv6 提供了庞大的地址空间，可以容纳大量的设备和网络。这样的地址空间是 IPv4 无法比拟的，这使得 IPv6 能够支持互联网的未来增长。

自动配置：IPv6 引入了自动配置机制，允许设备在连接到网络时自动获取 IPv6 地址，减少了网络配置的复杂性。

安全性：IPv6 在协议层面引入了更多的安全性功能，例如 IPsec（Internet Protocol Security），以提供数据的机密性和完整性。

逐渐过渡：由于 IPv4 和 IPv6 需要共存一段时间，网络中出现了过渡技术，如双栈（Dual-Stack）路由器，以支持同时使用两种协议的设备。

二、路由与转发算法

路由与转发是网络层的关键任务，它们确保数据包在网络中正确传输。

（一）路由算法

路由算法是决定数据包最佳路径的关键因素。它们根据网络的拓扑结构、距离、负载状况等因素来选择最适合的路径。常见的路由算法包括：

1. 静态路由

静态路由是一种手动配置的路出方式，管理员必须手动指定路由表中的路径信息。这种方式适用于小型网络或需要严格控制路径的环境。静态路由的特点包括：第一，管理员配置。网络管理员手动配置路由表，指定数据包的路径。这些配置不会自动更新，除非管理员手动进行更改。第二，适用性。静态路由适用于相对简单的网络拓扑，其中网络结构不经常变化，且需要精确控制路径的情况。第三，可预测性。静态路由提供了可预测的路径选择，管理员可以精确控制数据包的路由路径。

2. 动态路由

动态路由协议允许路由器之间自动交换路由信息，以适应网络拓扑的变化。常见的动态路由协议包括：第一，RIP（Routing Information Protocol）。RIP 是一种距离向量路由协议，使用跳数作为度量标准。它适用于小型网络，但在大型网络中性能有限。第二，OSPF（Open Shortest Path First）。OSPF 是一种链路状态路由协议，使用了更复杂的度量标准。它适用于大型网络，并提供了更好的性能和可伸缩性。第三，BGP（Border Gateway Protocol）。BGP 是一种路径向量协议，用于互联网中的路由。它具有高度灵活性，用于控制路由策略和路由信息的传播。

动态路由的特点包括：第一，自动更新。路由器之间自动交换路由信息，以适应网络拓扑的变化。这样可以减少管理员的工作负担。第二，适应性。动态路由适用于大型、复杂的网络拓扑，其中网络结构经常变化。第三，性能优化。动态路由协议可以根据度量标准选择最佳路径，以优化网络性能。

3. 最短路径算法

最短路径算法用于计算网络中的最短路径，以确保数据包以最短的路径传输。常见的最短路径算法包括：第一，Dijkstra 算法。Dijkstra 算法用于计算单源最短路径，它适用于网络中没有负权边的情况。它的计算复杂度较低，适用于小型网络。第二，SPF 算法（Shortest Path First）。SPF 算法通常用于链路状态路由协议（如 OSPF），用于计算多源最短路径。它的计算复杂度较高，适用于大型网络。

最短路径算法的特点包括：第一，精确性。最短路径算法提供了精确的路径计算，确保数据包以最短路径传输。第二，度量标准。最短路径算法可以使用不同的度量标准，例如跳数、链路成本等，以适应不同的网络需求。第三，应用领域。最短路径算法通常用于动态路由协议中，以确定最佳路径。

不同的路由算法适用于不同的网络情境，网络管理员需要根据网络的大小、拓扑结构和性能要求来选择适当的路由算法。同时，深入理解这些算法的工作原理对于网络管理和故障排除也至关重要。

（二）转发

转发是将数据包从一个接口传输到另一个接口的过程。路由表是路由器用来进行转发决策的关键工具。转发过程包括以下步骤：

1. 查找路由表

首先，当数据包到达路由器时，路由器会检查数据包的目标 IP 地址。这个目标 IP 地址通常包含在数据包的 IP 头部中，它是数据包要传送到的最终目的地的地址。

其次，查找路由表。路由器在内部维护一个路由表，这个路由表是一个重要的数据结构，包含了网络拓扑信息、可用路径、目标网络地址等重要信息。路由器使用这个路由表来决定数据包的下一跳。路由表的每个条目通常包括以下信息：其一，目标网络地址。表示数据包要传送到的目标网络的地址。其二，子网掩码。指定了哪些位用于网络标识，哪些位用于主机标识。其三，下一跳路由器地址。表示数据包要发送到的下一跳路由器的地址。其四，出口接口。表示数据包应该从路由器的哪个网络接口出去。

再次，匹配目标地址。一旦路由器查找到目标 IP 地址，它会开始在路由表中搜索匹配的条目。这个匹配过程通常从路由表的顶部开始，逐条比较目标地址与路由表中的目标网络地址。路由器会使用子网掩码来确定目标地址是否匹配路由表中的目标网络地址。如果目标地址与某个路由表条目匹配，那么这个条目就被选中作为路由决策的依据。

最后，路由决策。一旦路由器找到了匹配的路由表条目，它就会根据这个条目中的下一跳路由器地址和出口接口来作出路由决策。这意味着路由器将数据包发送到下一跳路由器，由下一跳路由器负责继续将数据包传输到下一个路由器，直到数据包最终到达目标设备。

如果路由器在路由表中找不到匹配的条目，它可能会选择默认路由，将数据包发送到默认网关。默认网关是一个特殊的路由表条目，通常用于处理路由表中没有匹配项的情况。

2. 选择出口接口

首先，匹配路由表。在前面的步骤中，路由器已经查找到了匹配目标 IP 地址的路由

表条目。每个路由表条目通常包括一个出口接口字段，指示了数据包应该从哪个网络接口出去。

其次，判断出口接口状态。一旦路由器确定了出口接口的信息，它会检查该接口的状态。这个状态包括接口是否正常运行、是否处于活动状态及是否有足够的带宽可供使用。第一，接口状态正常。路由器会检查出口接口是否正常工作，例如检测网线连接是否稳定、物理层状态是否正常等。第二，接口活动状态。路由器还会检查接口是否处于活动状态。如果接口处于停用状态或未激活状态，它将不会被选为出口接口。第三，带宽和拥塞状况。路由器还需要考虑出口接口的带宽和拥塞状况。如果某个接口已经过载或存在拥塞，路由器可能会选择另一个可用接口，以确保数据包能够及时传输。

再次，选择最佳出口接口。一旦路由器完成了接口状态的检查，它会选择最佳的出口接口。这个选择通常基于以下考虑：其一，路由表指定。路由表中的路由条目可能已经指定了出口接口，路由器会遵循这些指定。其二，最短路径。如果路由表中没有指定出口接口，路由器可能会选择最短路径。这通常涉及使用最小的度量标准来确定最佳路径。其三，负载均衡。在某些情况下，路由器可能会选择多个出口接口进行负载均衡，以分担数据包的负载。

最后，一旦选择了出口接口，路由器将数据包发送到该接口。数据包将通过这个接口离开路由器，并朝着目标设备的方向前进。这个过程中，路由器会更新数据包的源 MAC 地址和目标 MAC 地址，以确保数据包能够正确传输到下一跳路由器或目标设备。

3. 传输数据包

首先，数据包封装。在数据包被发送到出口接口之前，它需要被封装成帧以便在物理介质上进行传输。帧包括了目标 MAC 地址、源 MAC 地址、帧类型字段、数据字段和帧校验字段。这个过程通常包括以下步骤：其一，添加目标 MAC 地址和源 MAC 地址。路由器会根据出口接口的信息，将目标 MAC 地址设置为下一跳路由器的 MAC 地址，将源 MAC 地址设置为自身的 MAC 地址。其二，添加帧类型字段。帧类型字段指示了帧中的数据的类型，例如 IPv4 或 IPv6。其三，封装数据字段。数据字段包含了原始数据包，通常是从网络层接收到的数据。其四，添加帧校验字段。帧校验码（如 CRC）用于检测帧在传输过程中是否出现错误。

其次，数据包的转发。一旦数据包被封装成帧，它将被发送到选定的出口接口。这个出口接口通常与下一跳路由器相连，因此数据包将通过该接口传送到下一跳路由器。路由器根据目标 MAC 地址来确定应该将帧发送到哪个网络接口。这个过程通常涉及交换机制，以确保数据包通过正确的接口传输到下一跳路由器。

再次，传输到下一跳路由器。一旦数据包到达下一跳路由器，类似的过程会再次发生。路由器将解封装帧，提取数据包，然后根据目标 IP 地址查找路由表，选择下一跳，并将数据包传送到下一跳的出口接口。这个过程会一直重复，直到数据包最终到达目标设备。每个路由器都负责将数据包从一个接口传输到另一个接口，确保数据包沿着正确的路径传输。

最后，目标设备接收数据包。目标设备的网络接口将接收到数据包，并将其传递给网络层进行进一步处理。如果目标设备不是最终目的地，它可能会重复上述过程，将数据包传递到下一跳路由器，直到数据包最终到达目标设备。

4. 更新转发表

首先，监测网络拓扑变化。路由器会不断地监测网络拓扑的变化。这些变化可以包括以下情况：一是，链路故障。如果某个链路故障或设备故障导致路径不可达，路由器需要及时更新转发表，避免继续将数据包发送到不可达的目标。二是，新设备加入网络。当新设备加入网络时，路由器需要更新转发表，以包含新设备的信息，并确保数据包能够正确传输到新设备。三是，设备离线或移动。如果某个设备离线或移动到不同的网络，路由器需要相应地更新转发表，以反映设备的新位置。

其次，路由器间的路由信息交换。在大型网络中，有多个路由器负责不同部分的路由决策。这些路由器之间需要交换路由信息，以确保它们都具有最新的网络拓扑信息。这个过程通常采用动态路由协议，如 RIP（Routing Information Protocol）、OSPF（Open Shortest Path First）或 BGP（Border Gateway Protocol）。一是，路由器交换路由更新信息。路由器会定期发送路由更新信息到相邻的路由器，告知它们网络的状态和可用路径。二是，接收和处理路由更新信息。接收到路由更新信息的路由器会处理这些信息，并更新自己的转发表。这可能涉及添加新的路由条目、更新现有的路由信息或删除不再可达的路由。

再次，优化路由表。路由器会根据收到的路由信息来优化转发表。这可能包括以下操作：一是，选择最佳路径。路由器使用路由信息来确定最佳的路径，以确保数据包能够以最短的路径传输。二是，负载均衡。在某些情况下，路由器可能选择多个路径进行负载均衡，以分担网络负载和提高性能。

最后，确保路由表的一致性。在大型网络中，有多个路由器，它们之间需要保持路由表的一致性，以确保数据包能够正确传输。路由器之间的路由信息交换和路由表更新需要协调和同步。一是，路由信息协商。路由器之间会进行路由信息协商，以确保它们都具有相同的路由信息，避免冲突和不一致。二是，路由器决策一致性。路由器之间需要保持一致的路由决策，以确保数据包能够按照一致的规则进行传输。

第三章　网络通信与传输技术

第一节　网络通信的基本原理

一、数据传输

数据传输是网络通信的核心任务，它涉及以下关键概念和过程：

（一）数据生成

1. 数据生成的定义

数据生成是指数据的形成和产生过程。这包括了数据的来源、创造和采集。数据生成涵盖了广泛的领域，从个人生活中的社交媒体帖子，到科学研究中的实验数据，再到工业生产中的传感器信息，都属于数据生成的范畴。

2. 数据的来源

数据可以从多个来源产生。以下是一些常见的数据来源：

（1）人类生成的数据

文本数据：用户在社交媒体、博客、论坛等平台上发布的文本内容。

图像数据：由摄像头、手机相机等设备拍摄的照片和图像。

音频数据：录音、音乐等声音的数字化形式。

视频数据：摄像头、监控摄像头、电影摄制等产生的视频流。

（2）自动数据生成

传感器数据：各种传感器（如温度传感器、压力传感器、运动传感器等）产生的数据，用于监测环境和设备状态。

计算机生成的数据：由计算机程序生成的数据，包括模拟数据、随机数据、仿真数据等。

网络通信数据：在互联网和局域网上传输的数据包，包括网络通信、电子邮件、即时消息等。

（3）科学研究数据

实验数据：科学实验产生的数据，用于研究和验证科学假设。

调查数据：社会科学研究中通过调查问卷获得的数据。

3. 数据生成的过程

数据生成通常经历以下过程：

第一，数据采集。数据采集是从数据源中获取原始数据的过程。这可能涉及传感器的使用、数据输入、网络通信或其他手段。

第二，数据处理。原始数据可能需要进行预处理，以清洗、过滤或转换数据。数据处理可以包括去除噪声、填补缺失值、数据格式转换等操作。

第三，数据存储。生成的数据通常需要存储在合适的介质或数据库中，以备将来的检索和分析。存储可以采用不同的技术，包括数据库管理系统、云存储、本地存储等。

第四，数据分析。数据生成后，它可以被用于各种目的，包括数据分析、建模、可视化等。数据分析可以帮助提取有用的信息、发现趋势和模式。

第五，数据应用。生成的数据可以用于各种应用，包括科学研究、商业决策、医疗诊断、娱乐等。数据应用可以涵盖从智能推荐系统到自动驾驶汽车的各种领域。

（二）数据编码

1. 数据编码的定义

数据编码是将信息从一种形式转换为另一种形式的过程。在计算机科学和通信领域，数据编码通常涉及将人类可读的信息（如文本、图像、音频等）转换为数字形式，以便计算机能够处理、存储和传输。

2. 数据编码的基本原理

数据编码的基本原理是将信息转换为二进制形式，即由 0 和 1 组成的比特流。这个过程涵盖了以下几个关键方面：

第一，字符编码。在文本数据编码中，字符集（如 ASCII、UTF-8 等）将字符映射到相应的二进制编码。每个字符都对应一个唯一的二进制表示。

第二，图像编码。图像编码涉及将图像中的像素转换为数字表示。不同的图像编码方法包括光栅化、矢量化和压缩编码（如 JPEG）。

第三，音频编码。音频编码将声音波形转换为数字信号。常见的音频编码方法包括脉冲编码调制（PCM）和压缩编码（如 MP3）。

第四，视频编码。视频编码将视频帧序列转换为数字形式。常见的视频编码标准包括 H.264 和 H.265。

第五，压缩编码。压缩编码用于减小数据的体积，以便更高效地存储和传输。有损压缩（如 JPEG、MP3）和无损压缩（如 ZIP）是两种常见的压缩编码方法。

（三）数据传输

1. 数据传输的定义

数据传输是指将信息从一个地方传送到另一个地方的过程。这个过程可以包括将信息从一个设备发送到另一个设备，或者将信息从一个地点传送到另一个地点。数据传输是现代通信系统的核心组成部分，它支持电子邮件、网页浏览、在线聊天等各种通信和互联网服务。

2. 数据传输的基本原理

数据传输的基本原理涵盖了以下几个关键方面：

第一，数字信号与模拟信号。数据传输可以使用数字信号或模拟信号。数字信号是离散的，由一系列二进制位（0 和 1）组成，而模拟信号是连续的，通常代表着连续变化的物理量，如电压或频率。

第二，信号编码与解码。在数据传输中，信息通常需要编码成数字信号以便传输，然后在接收端解码以还原原始信息。常见的信号编码方法包括调制解调（Modulation/Demodulation）和编码解码。

第三，传输介质。数据传输需要一个物理介质来承载信号。这些介质可以是电缆、光纤、无线电波、卫星信号等。不同的介质具有不同的传输速度、带宽和传输距离。

第四，通信协议。数据传输通常需要一组规则和协议来确保发送和接收之间的有效通信。通信协议定义了数据包的格式、传输方式、错误检测和纠正方法等细节。例如，互联网使用 TCP/IP 协议来实现数据传输。

（四）数据解码

1. 数据解码的定义

数据解码是将数字信号或编码数据转换回其原始形式的过程。这是数据传输和存储过程中的关键步骤，它确保了接收者能够理解和使用传输的信息。

2. 数据解码的基本原理

数据解码的基本原理涉及以下几个关键方面：

第一，信号还原。在数据传输过程中，数字信号可能会受到干扰、噪声或失真的影响。数据解码的任务之一是将接收到的信号还原为原始信号，以最大程度地减小信息丢失或变形。

第二，信号识别。接收者需要识别所接收的信号编码方式，以便正确解释信号。这可能涉及检测和识别编码标志、头部信息或其他信号元数据。

第三，编码解析。一旦识别了编码方式，接收者将执行相应的解码操作。这包括反转编码过程，将数字编码转换为原始信息，如文本、图像、音频或视频。

第四，错误处理。在数据传输中，错误可能会导致部分或全部信息丢失或损坏。因此，数据解码通常包括错误检测和纠正机制，以恢复受损的信息。

二、数据包

（一）数据包的定义

数据包是一种封装了信息和控制信息的数据单元，用于在计算机网络中传输。数据包允许将信息划分为小块，以便在网络上传输，同时提供了必要的控制信息以确保数据的完整性、可靠性和有序传输。

（二）数据包的结构

标准数据包通常包括以下组成部分：

1. 源地址

源地址标识了数据包的发送者，这通常使用物理地址（MAC 地址）或逻辑地址（IP 地址）来表示。源地址允许接收者知道数据包的来源，以便进行回应或记录日志。

2. 目标地址

目标地址标识了数据包的接收者。与源地址类似，目标地址可以是物理地址或逻辑地址。目标地址指示了数据包的最终目的地。

3. 数据内容

数据包中包含了要传输的实际数据。这可以是文本、图像、音频、视频等各种形式的信息。数据内容是数据包的核心，它承载了所要传递的信息。

4. 控制信息

控制信息是数据包的元数据，用于确保数据的完整性、可靠性和有序传输。常见的控制信息包括：

序列号：用于标识数据包的顺序，以确保它们按正确的顺序到达接收端。

校验和：用于检测数据包在传输过程中是否发生了错误或损坏。

时间戳：记录数据包的发送时间，用于性能分析或同步操作。

数据包大小：指示数据包中数据内容的大小，有助于接收端正确解析数据。

优先级：指示数据包的重要性，有助于网络中的路由器和交换机决定如何处理数据包。

（三）数据包的重要性

数据包在计算机网络中具有重要的作用，以下是其重要性的几个方面：

1. 分段和复用

数据包允许将信息分成小块进行传输，这提高了网络的效率。大型文件可以被分割成多个数据包，以便同时传输多个文件或片段。

2. 错误检测和纠正

控制信息中的校验和序列号等信息可用于检测和纠正传输中的错误。这有助于确保数据的完整性，即使在不稳定的网络条件下也可以保证数据的可靠传输。

3. 服务质量

数据包的优先级信息可用于实现服务质量（QoS）控制。高优先级的数据包可以获得更低的延迟和更高的带宽，以满足实时通信需求。

三、协议

通信双方需要遵循一定的规则和协议，以确保数据的正确传输。协议规定了数据包的格式、传输方式、错误检测和纠正等细节。以下是一些常见的网络协议：

（一）TCP/IP 协议

TCP/IP 协议是计算机网络通信的基础，它包括了传输控制协议（TCP）和因特网协议（IP）两个主要的协议。TCP/IP 协议族支持全球范围内的数据通信，确保数据在网络

中的可靠传输和交付。

1. 传输控制协议（TCP）

TCP 是一种面向连接的协议，它负责确保数据的可靠传输。TCP 将数据分割成小的数据块，通过网络传输，然后在接收端重新组装成原始数据。它提供了流量控制、拥塞控制和错误检测等机制，以保证数据的完整性和顺序性。TCP 适用于需要可靠传输的应用，如文件传输、电子邮件等。

2. 因特网协议（IP）

IP 是一种网络层协议，它负责数据包的路由和交付。IP 使用 IP 地址唯一标识网络上的设备，确定数据包的最佳路径，以便从源节点传输到目标节点。它支持分组交换和无连接通信，使数据能够跨越不同的网络传输。IP 协议的两个主要版本是 IPv4 和 IPv6，它们定义了不同的 IP 地址格式。

（二）HTTP 协议

HTTP（超文本传输协议）是一种应用层协议，用于在 Web 上传输数据。HTTP 定义了浏览器和 Web 服务器之间的通信规则，使用户能够访问网页和其他 Web 资源。以下是 HTTP 的一些关键特点：

1. 无连接性

HTTP 是一种无连接的协议，每次请求和响应之间都是独立的，每个 HTTP 请求都不会保留之前的状态信息。这使得 Web 服务器能够处理大量并发请求。

2. 无状态性

HTTP 是一种无状态的协议，它不会跟踪客户端的状态信息。每个 HTTP 请求都是独立的，服务器不会记住之前的请求。为了实现会话状态管理，我们通常使用 Cookie 等机制。

3. 基于文本的协议

HTTP 使用文本格式的请求和响应消息，这使得它易于被调试和理解。HTTP 消息通常使用 HTML、XML、JSON 等格式编写。

4. 支持多种方法

HTTP 定义了多种请求方法，包括 GET（获取资源）、POST（提交数据）、PUT（更新资源）、DELETE（删除资源）等。这些方法允许客户端和服务器之间进行不同类型的交互。

5. 支持 HTTPS

为了加强安全性，HTTP 可以与 TLS/SSL 一起使用，形成 HTTPS（HTTP Secure）协议，对数据进行加密和认证。

（三）FTP 协议

FTP（文件传输协议）是一种用于在网络上传输文件的协议。它允许用户上传和下载文件到远程服务器。FTP 提供了两种不同的工作模式：

1. 主动模式

在主动模式下，客户端负责建立数据链接。客户端向服务器发送命令，并打开一个本地端口，等待服务器连接。服务器在连接后发送数据。主动模式通常用于从服务器下载文件。

2. 被动模式

在被动模式下，服务器负责建立数据链接。服务器向客户端发送数据链接请求，并打开一个本地端口，等待客户端连接。客户端在连接后发送命令。被动模式通常用于向服务器上传文件。

FTP 支持匿名登录和身份验证登录，允许用户通过用户名和密码访问远程文件系统。

（四）SMTP 和 POP3 协议

SMTP（简单邮件传送协议）和 POP3（邮局协议版本 3）是电子邮件系统的关键协议，它们共同构成了电子邮件的发送和接收过程。

1.SMTP 协议

SMTP 用于电子邮件的发送。当您发送一封电子邮件时，您的电子邮件客户端（如 Outlook 或 Gmail）将电子邮件发送到您的邮件服务器，然后通过 SMTP 将其传输到接收方的邮件服务器。SMTP 负责确保电子邮件的可靠传输，以及将邮件投递到接收方的邮箱。

2.POP3 协议

POP3 是一种用于电子邮件的接收协议。当您的电子邮件客户端想要检查新邮件时，它使用 POP3 协议从邮件服务器下载邮件。通常，邮件会被下载到客户端设备上，并从服务器上删除。POP3 协议允许用户检索邮件并在本地存储它们，而不必一直保留在服务器上。

这两个协议协同工作，使电子邮件能够在不同的邮件客户端和邮件服务器之间进行可靠的传输和接收。SMTP 用于发送电子邮件，而 POP3 用于接收电子邮件。此外，还有 IMAP（Internet Message Access Protocol）协议，它与 POP3 类似，但允许邮件在服务器上保持副本，以便在多个设备上同步查看邮件。

第二节　网络传输介质与信号传输

一、传输介质种类

网络通信依赖于物理介质来传输信号和数据。不同的传输介质具有不同的特点，适用于不同的网络需求。一些常见的传输介质种类包括：

（一）双绞线

1. 双绞线简介

双绞线由两根绝缘的铜线组成，这两根铜线被紧密绕在一起，形成了一对绞线。这对绞线有助于减小外部电磁干扰对信号的影响，提高了数据传输的可靠性。通常情况下，

这两根铜线的绕制方式是以相等的步长同时进行绕制，以确保它们保持平衡。

2. 双绞线的特点

第一，低成本。双绞线的制造成本相对较低，这使得它成为广泛部署的选择，特别是在办公室和家庭网络中。因为它的价格相对经济实惠，适用于大规模的网络部署。

第二，适中的传输距离。双绞线通常适用于适中的传输距离。虽然它可以支持一定的距离，但在长距离通信需求中，光纤通常被更广泛地采用。双绞线的传输距离通常在 100 米左右，这对于连接不同部门的设备或者家庭网络来说通常是足够的。

第三，易于安装。相对于其他一些传输介质，如光纤，双绞线的安装和维护更加容易。它可以被弯曲和连接，而不会引起太多信号损失，这使得它非常适合在各种环境中使用，包括家庭、办公室和工业场所。

第四，抗干扰性。由于铜线对于外部电磁干扰相对敏感，双绞线通常采用屏蔽（STP，Shielded Twisted Pair）或非屏蔽（UTP，Unshielded Twisted Pair）的方式来提高抗干扰性。屏蔽双绞线在绞线对外部干扰的保护上更加彻底，但也更昂贵。非屏蔽双绞线则更为常见，它通过绞线的自身结构来减小干扰的影响，适用于大多数一般的数据传输需求。

（二）光纤

1. 光纤简介

光纤是一种高度先进的传输介质，利用光的物理特性来传输数据。它由细长的玻璃或塑料纤维组成，能够传输光信号，这些光信号可以表示为数字或模拟数据。光纤的工作原理基于光的折射和反射，这使得光信号能够以高速和高效率传播。

光纤通常由以下主要部分组成：

第一，纤芯（Core）。光信号传输的核心部分，通常由高折射率的材料制成，如硅玻璃或塑料。光信号通过纤芯以全内反射的方式传播。

第二，包层（Cladding）。纤芯外部的包层，其折射率较低，有助于光信号在光纤内部的全内反射。包层通常由与纤芯不同的材料制成。

第三，外包层（Buffer Coating）。保护光纤的外部层，通常由塑料材料制成，起到机械保护和绝缘作用。

2. 光纤的特点

第一，高带宽。光纤具有极高的带宽，这意味着它能够以非常高的速率传输数据。这种高带宽性能使其非常适用于需要大量数据传输的应用，如高清视频流、大文件传输及云计算等。相比之下，传统的电缆和双绞线等传输介质的带宽有限，不能满足现代高速数据需求。

第二，远距离传输。光纤信号的衰减非常小，这意味着光信号可以在较长距离内传输而不损失质量。这使得光纤成为连接不同城市、国家甚至洲之间的网络的理想选择。长距离光纤传输在电信、互联网和国际数据连接中起着至关重要的作用。

第三，免受电磁干扰。光纤传输是基于光的传播，而不涉及电流。这意味着光纤不容易受到电磁干扰的影响。相比之下，电缆和铜线传输可能受到电磁场、雷电和其他电磁干扰的干扰，从而降低传输的可靠性。

第四，安全性。光纤传输具有很高的安全性，因为它难以被窃听。由于光信号是在光纤内部传播的，而不是通过电流在导线上传输，因此很难截取光信号。这使得光纤非常适合用于传输敏感信息，如金融交易、医疗记录和军事通信。

（三）同轴电缆

1. 同轴电缆简介

同轴电缆是一种传输介质，广泛用于电视信号传输、有线电视、计算机网络和广播等领域。它的名称源于其内外两个同心导体，即内导体和外导体，以及绝缘层、屏蔽层等组成部分。

第一，内导体。同轴电缆的内部导体是一根细长的金属线，通常由铜或铝制成。内导体是信号的传输通道，电流在其内部流动。

第二，绝缘层。内导体外部覆盖着一层绝缘材料，通常是塑料或泡沫塑料。绝缘层的作用是隔离内导体和外导体，防止信号的泄漏或干扰。

第三，屏蔽层。绝缘层外部是一层屏蔽层，通常由金属丝编织或金属箔制成。屏蔽层的作用是防止外部电磁干扰对信号的影响，提高同轴电缆的抗干扰性能。

第四，外导体。屏蔽层外部是外导体，它通常由金属丝编织或导电材料制成。外导体的作用是提供电缆的屏蔽和保护，同时也用作接地。

2. 同轴电缆的特点

同轴电缆是一种广泛用于不同应用领域的传输介质，具有一些独特的特点和优势。以下是同轴电缆的主要特点：

第一，中等传输带宽。同轴电缆具有中等的传输带宽，这使得它适合传输模拟信号和数字信号。虽然不如光纤那样具有极高的带宽，但对于许多常见的应用来说，同轴电缆的带宽已足够满足需求。

第二，电视信号传输。同轴电缆是电视信号传输的主要选择之一。它广泛用于有线电视和卫星电视系统，提供高质量的视频和音频传输。由于电视信号通常需要较高的带宽，同轴电缆在这方面表现出色。

第三，屏蔽性。同轴电缆具有良好的屏蔽性，这意味着它能够有效地抵御外部电磁干扰。这一特性使同轴电缆能在嘈杂的环境中保持信号质量，适用于各种电视和通信系统。

第四，相对灵活。与光纤等传输介质相比，同轴电缆相对灵活且易于安装。它可以弯曲和弯折，适应各种安装需求。这种灵活性使得同轴电缆在实际应用中更容易部署。

（四）无线电波

1. 无线电波简介

无线电波是一种无线通信的重要传输介质，它基于电磁波的传播来实现信息的传输。无线电波广泛应用于各种通信和广播系统，包括 Wi-Fi、蓝牙、移动通信等。

第一，电磁波传输。无线电波是电磁波的一种，是由变化的电场和磁场相互耦合而

产生的波动。这些波动以光速传播，可在空气、真空及不同物质中传播。电磁波的频率和波长决定了其特性和用途，不同频段的无线电波用于不同类型的通信。

第二，Wi-Fi。Wi-Fi（无线局域网）是一种无线通信技术，利用 2.4 GHz 和 5 GHz 频段的无线电波来连接设备到互联网和局域网。Wi-Fi 广泛应用于家庭、企业和公共场所，提供无线上网和局域网连接。

第三，蓝牙。蓝牙是一种短距离无线通信技术，通常运行在 2.4 GHz 频段。它用于连接不同类型的设备，如耳机、键盘、鼠标、智能手机和智能家居设备。蓝牙技术在低功耗蓝牙（Bluetooth Low Energy，BLE）方面取得了显著进展，适用于低功耗设备。

第四，移动通信。无线电波是移动通信的基础。移动电话网络使用无线电波来连接手机和基站，使用户能够进行语音通话和数据传输。不同的移动通信标准和频段用于不同的技术，如 2G、3G、4G 和 5G。

2. 无线电波的特点

无线电波是一种重要的通信介质，具有多种独特的特点，这使其在各种应用中得以广泛使用。以下是无线电波的主要特点：

第一，无线传输。与有线通信相比，无线通信不需要电缆、光纤或其他物理媒介来传输数据。这使得移动设备、传感器网络和远程通信变得更加便捷，允许设备之间在不同地点之间进行通信。

第二。广播性质。无线电波可以广播到特定范围内的多个接收设备，而无需建立多对一的物理连接。这使得广播、电视、卫星通信和 Wi-Fi 等应用成为可能。广播性质还允许一台发射设备同时服务多个接收者，提高了通信效率。

第三，不受地理限制。无线通信不受地理限制，可以在城市、乡村、山区和遥远地区使用。这使得无线电波在偏远地区、紧急救援和军事通信中具有重要作用。无线通信设备可以跨越地理障碍，覆盖广大的地理区域。

第四，频谱多样性。不同的无线通信标准使用不同的频段和协议，以适应不同的应用需求。例如，Wi-Fi 使用 2.4 GHz 和 5 GHz 频段，而蜂窝移动通信使用各种频段，包括 3G、4G 和 5G。这种频谱多样性允许多种应用并行存在，各自适应其特定的通信需求。

二、信号传输与调制技术

信号传输是指将数字数据转换成模拟信号或数字信号进行传输的过程。这包括以下关键概念：

（一）调制（Modulation）

调制是将数字信号转换为模拟信号或另一种数字信号的过程。这是因为模拟信号更适合在信道中传输，而数字信号更容易处理和存储。以下是一些常见的调制技术：

1. ASK（Amplitude Shift Keying）

ASK 调制是一种通过改变信号的振幅来表示数字数据的技术。在 ASK 中，不同的振幅代表不同的数字值，通常是 0 和 1。高振幅表示一个数字，低振幅表示另一个。这种调制技术适用于低成本和低带宽的通信系统，如无线遥控器和 RFID 标签等。

2. FSK（Frequency Shift Keying）

FSK 调制通过改变信号的频率来表示数字数据。不同的频率代表不同的数字值，通常是 0 和 1。在 FSK 中，发送方将数字 0 和 1 映射到两个不同的频率，接收方通过检测接收到的信号的频率来解调数据。这种调制技术常用于调制音频信号、数字调制解调器及一些低速数据传输系统中。

3. PSK（Phase Shift Keying）

PSK 调制通过改变信号的相位来表示数字数据。不同的相位代表不同的数字值。PSK 通常用于数字通信系统，如 Wi-Fi 网络。最常见的 PSK 调制是二进制 PSK（BPSK），其中两个相位分别代表 0 和 1。还有四进制 PSK（QPSK）等变种，其允许在每个符号中传输更多的比特位。

4. QAM（Quadrature Amplitude Modulation）

QAM 调制同时改变信号的振幅和相位，允许在每个符号中编码多个比特位。QAM 常用于数字电视、有线通信和高速数据传输系统中。例如，16-QAM 表示每个符号可以编码 4 位数据，64-QAM 表示每个符号可以编码 6 位数据。这种高效的调制技术对于提高带宽利用率至关重要。

（二）**解调**（Demodulation）

解调是调制的反过程，将接收到的模拟信号或数字信号转换回数字数据。解调器是实现解调的设备，常见的解调器类型包括：

1. 拨号调制解调器（Modem）

拨号调制解调器（Modem）是一种用于在计算机和电话线之间传输数据的设备，其名称源于”Modulator-Demodulator”。它在早期的互联网和计算机通信中扮演了重要的角色，允许计算机通过电话线连接到互联网或远程网络。

在物理层，拨号调制解调器负责将数字数据转换为模拟信号以便通过电话线传输。这个过程涉及信号的调制，将数字数据转换为适合传输的模拟信号。具体来说，它改变了信号的振幅（Amplitude Shift Keying，ASK）或频率（Frequency Shift Keying，FSK），以表示不同的二进制位。例如，高振幅或高频率可能表示二进制 1，而低振幅或低频率表示二进制 0。

在数据链路层，拨号调制解调器负责将数字数据帧封装成模拟信号帧，并在接收端执行解封装操作。这确保了数据在传输过程中的完整性和可靠性。

虽然拨号调制解调器主要操作在物理层和数据链路层，但它也可以在网络层扮演一定的角色，例如支持多台计算机通过单个电话线连接到互联网，使用网络地址转换（NAT）等技术。

2. DSL 调制解调器

在物理层，DSL 调制解调器负责将数字数据转换为高频模拟信号以便通过电线传输。

这个过程涉及信号的调制，通常采用QAM（Quadrature Amplitude Modulation）或其他调制技术，以表示不同的二进制位。高频模拟信号可以在电话线上传输，允许更高的数据传输速率。

在数据链路层，DSL调制解调器负责将数字数据帧封装成模拟信号帧，并在接收端执行解封装操作。这确保了数据在传输过程中的完整性和可靠性。DSL技术通常使用点对点连接。

DSL调制解调器还可以在网络层扮演一定的角色，例如支持多台计算机通过DSL连接到互联网，使用网络地址转换（NAT）等技术。

3. 无线调制解调器

在无线通信中，移动设备和基站之间使用无线调制解调器来实现数据的调制和解调。这些解调器用于将数字数据转换为无线电波以进行无线通信。无线调制解调器在蜂窝移动通信、Wi-Fi、蓝牙和其他无线通信标准中发挥关键作用。它们将数字信号转换为适合在无线媒体中传播的模拟信号，并在接收端执行解调操作，将模拟信号还原为数字数据。

第三节　数字调制与多路复用技术

一、数字调制原理

数字调制是将数字数据转换成模拟信号或数字信号的过程，以便在传输介质上传输。数字调制的原理涉及以下关键概念：

（一）调制技术

调制技术：数字调制使用不同的调制技术来将数字数据映射到模拟信号或数字信号上。常见的数字调制技术包括：

1. 调幅调制（Amplitude Shift Keying，ASK）

通过改变信号的振幅来表示数字数据。高振幅表示一个二进制值，低振幅表示另一个。

2. 调频调制（Frequency Shift Keying，FSK）

通过改变信号的频率来表示数字数据。不同的频率代表不同的二进制值。

3. 调相调制（Phase Shift Keying，PSK）

通过改变信号的相位来表示数字数据。不同的相位代表不同的二进制值。

4. 正交振幅调制（Quadrature Amplitude Modulation，QAM）

同时改变信号的振幅和相位，允许多个比特位被编码为一个符号。

（二）调制深度

调制深度（Modulation Depth），也称为调制指数（Modulation Index），是数字调制中一个重要的参数。它表示调制信号的变化程度，即调制信号的振幅、频率或相位的变化范围。调制深度对数字调制系统的性能和效率有重要影响，主要体现在以下几个方面：

1. 带宽利用率

调制深度决定了调制信号的波形变化程度。较高的调制深度通常意味着信号波形的变化更加剧烈，因此需要更大的频带来传输。这会影响通信系统的带宽利用率。一些数字调制技术（如 QAM）允许在相对较小的带宽内实现高调制深度，从而提高了带宽利用率。

2. 抗噪声性能

调制深度也与抗噪声性能密切相关。当信号经历噪声干扰时，较高的调制深度可以增加信号的抗噪声能力。这意味着接收端可以更容易地区分不同的信号级别，降低误码率，提高通信的可靠性。

3. 信息传输速率

调制深度可以影响信息传输速率。较高的调制深度允许在每个信号符号内编码更多的信息，从而提高了信息传输速率。这在需要高速数据传输的应用中非常重要，如数字通信、互联网接入等。

4. 功率效率

高调制深度通常需要更多的传输功率，以确保信号在传输过程中保持足够的强度。因此，在设计通信系统时，我们需要权衡调制深度、功率和信号质量，以实现功率效率的最佳平衡。

（三）解调技术

解调技术（Demodulation Techniques）是数字通信领域中的关键环节，它用于将接收到的模拟信号或数字信号转换回原始的数字数据，从而完成数字信号的恢复和解析。解调的过程与调制相反，其目标是还原原始信息以供进一步处理或显示。

1. 调制类型匹配

解调技术的选择通常要匹配发送端采用的调制方式。例如，如果发送端使用了 QAM（Quadrature Amplitude Modulation）调制，接收端也需要使用相应的 QAM 解调器来还原数据。不同的调制方式涉及不同的解调算法和硬件配置。

2. 信号恢复

解调技术旨在从接收到的信号中恢复原始的数字数据。这包括恢复数字信号的幅度、频率和相位等信息。在模拟信号解调中，这可能涉及信号的滤波和放大，以还原原始模拟信号。在数字信号解调中，这通常涉及数字信号处理算法，以还原数字数据。

3. 误差校正

接收到的信号通常受到噪声和失真的影响，因此解调技术通常包括误差校正机制，以减小或修复数据传输中的误差。这可以通过纠错编码、差错检测和纠错技术来实现，提高通信的可靠性。

二、多路复用的原理

多路复用的核心原理是将多个信号在时间、频率或空间上进行分割和组合，以便它

们可以在同一个通信信道上传输，而不会相互干扰。这种技术允许多个通信实体共享有限的通信资源，以便同时进行数据传输。多路复用的主要目标是提高通信效率、降低成本和提供更多的灵活性。

多路复用的基本原理可以归纳为以下几个关键方面：

（一）分割信号

多路复用首先将要传输的多个信号或数据流分割成适当的部分。这个分割可以基于不同的维度，包括时间、频率或空间。分割后，每个信号都被分配到不同的时隙、频带或传输路径上。

（二）独立传输

分割后的各部分信号被独立地传输到共享的传输通道上。这意味着每个信号在传输通道上拥有自己的独立位置，它们之间不会相互干扰。这确保了每个信号的数据完整性和隔离性。

（三）合并信号

在接收端，多路复用的技术将从不同源传输过来的信号重新合并，以还原原始信号或数据流。这个过程通常是与分割过程相反的操作。通过合并，接收端可以恢复原始数据。

（四）复用效率

多路复用的主要目标是提高通信效率。允许多个通信实体在同一个传输通道上传输数据，可以更充分地利用通信资源，减少资源浪费，提高网络容量和性能。

（五）提供灵活性

多路复用技术通常具有一定的灵活性，允许根据不同的通信需求和资源限制来选择适当的复用策略。这意味着在不同的通信场景中，可以选择最适合的多路复用方法以满足特定的需求。

三、多路复用的类型

多路复用技术根据其工作原理和应用领域可以分为几种类型：

（一）时分复用（Time Division Multiplexing，TDM）

时分复用（TDM）是一种多路复用技术，它通过将一个通信信道的时间分成多个时隙，每个时隙用于传输不同的信号或数据流，以实现多个通信实体共享同一个传输路径的目的。TDM 通常用于电话网络、数字传输系统及其他需要将多个信号合并在一起进行传输的场景。

1. 时分复用的工作原理

时分复用的核心原理是将时间分割成若干连续的时隙，每个时隙都用于传输一个特定的信号或数据流。不同信号的数据被依次放置在各自的时隙中，并在发送端按照固定的时间间隔进行传输。在接收端，相应的时隙被识别和分离，以还原原始信号。

2. 时分复用的特点

第一，高效利用时间资源。TDM 充分利用了时间资源，确保每个通信实体在其分配的时隙内可以进行数据传输。这使得 TDM 适用于不连续性数据传输，其中各个通信实体的活动时间不一定重叠。

第二，简单且易于实现。TDM 的实现相对简单，不需要高精度的时钟同步。时隙之间的间隔可以是固定的，这使得 TDM 系统容易维护和管理。

第三，适用于周期性数据传输。TDM 特别适用于周期性数据传输，如语音通信。在电话网络中，每个通话的语音信号可以在预定的时隙内传输，确保高质量的通话体验。

3. 时分复用的应用

时分复用在多个领域得到广泛应用：

第一，电话网络。传统的电话网络使用 TDM 来同时传输多个电话通话，以实现电话通信的多路复用。

第二，数字传输系统。TDM 用于数字传输系统中，将多个数字信号合并在一起传输，例如，在数字传输链路中，多个数据通道可以通过 TDM 进行多路复用。

第三，数据通信。在数据通信中，TDM 可用于将不同数据源的数据按照时间分隔传输，以确保数据的有序传输。

时分复用作为一种基础的多路复用技术，为多个通信实体提供了有效的通信方式，使它们可以在共享资源的情况下进行数据传输。

（二）频分复用（Frequency Division Multiplexing，FDM）

频分复用（FDM）是一种多路复用技术，它允许多个信号按照不同的频率范围分割并合并到一个通信信道中，以实现多个通信实体共享同一个传输介质的目的。每个信号被分配到不同的频带或子频道上，这些频带之间不会相互干扰。频分复用技术常用于广播、有线电视和卫星通信系统中，它使多个电视频道或信号可以在同一传输介质上并行传输。

1. 频分复用的工作原理

频分复用的核心原理是将可用的频率范围分割成多个子频道，每个子频道用于传输一个不同的信号或数据流。这些子频道之间的频率范围没有重叠，因此它们不会相互干扰。在发送端，不同信号的数据被分别调制到各自的子频道上进行传输。在接收端，相应的子频道被识别和分离，以还原原始信号。

2. 频分复用的特点

第一，可以实现高带宽的数据传输。FDM 允许多个信号在不同的频带上传输，因此可以实现高带宽的数据传输。这使得它适用于需要高速数据通信的场景，如高清电视、卫星通信等。

第二，需要精确的频率分配和调谐。为确保各个信号之间互不干扰，FDM 需要精确的频率分配和调谐。频率分配的不当可能导致信号重叠和干扰。

第三，典型的应用包括有线电视和广播。FDM 广泛应用于有线电视和广播领域，其

中多个电视频道可以在同一传输介质上通过不同的频带并行传输，以提供多样化的节目选择。

3. 频分复用的应用

频分复用在多个领域得到广泛应用：

第一，广播。无线电广播和电视广播中，不同广播频道可以通过 FDM 在同一频段上并行传输，使听众或观众可以选择他们想要收听或观看的频道。

第二，有线电视。有线电视系统使用 FDM 来在同一有线电缆中传输多个电视频道，为用户提供丰富的电视节目。

第三，卫星通信。卫星通信系统中，FDM 允许多个通信信号在不同频带上传输，以实现广域覆盖和高带宽通信。

频分复用作为一种有效的多路复用技术，通过充分利用频率资源，使多个通信实体能够共享有限的通信信道，满足了不同应用场景对高带宽数据传输的需求。

（三）**码分复用**（Code Division Multiplexing，CDM）

码分复用（CDM）是一种多路复用技术，它允许多个信号使用不同的编码序列区分并传输到同一频率范围内。每个信号通过唯一的编码序列进行调制，从而在频域上区分开来。码分复用技术在无线通信系统中得到广泛应用，其中最著名的是 CDMA（Code Division Multiple Access）网络。CDM 允许多个用户共享相同的频率，并以不同的编码方式传输数据。

1. 码分复用的工作原理

码分复用的核心原理是在信号的传输和接收过程中使用不同的编码序列。这些编码序列具有良好的互相关性，这使得在接收端能够根据编码序列将各个信号区分开来。在发送端，每个信号被编码为一系列脉冲，使用唯一的编码序列调制。在接收端，使用相同的编码序列对接收到的信号进行解调和解码，以还原原始信号。

2. 码分复用的特点

第一，具有抗干扰能力。码分复用具有较强的抗干扰能力。由于每个信号都使用不同的编码序列，即使多个用户同时传输，也不会相互干扰。这使得它特别适用于复杂的通信环境，如城市中的无线通信网络。

第二，适用于分散频谱资源有限的情况。在频谱资源有限的情况下，码分复用可以更好地利用频率资源。多个用户可以共享相同的频率范围，而不会发生频率冲突。

第三，在 3G 和 4G 移动通信中广泛应用。CDMA 技术是 3G 和 4G 移动通信网络的基础之一。它允许多个用户同时访问网络，提供高速数据传输和更好的网络容量。

3. 码分复用的应用

码分复用在无线通信领域得到广泛应用：

第一，CDMA 网络。CDMA 技术被广泛用于 3G 和 4G 移动通信网络，如 CDMA2000 和 WCDMA。它允许多个移动设备同时访问网络，并实现高速数据传输。

第二，卫星通信。在卫星通信系统中，码分复用可以提高频谱利用率，实现广域覆盖和高速数据传输。

第三，无线局域网（Wi-Fi）。Wi-Fi 网络中也使用了 CDMA 技术，以支持多个用户同时连接到无线接入点，实现高速无线互联。

码分复用作为一种高效的多路复用技术，具有强大的抗干扰能力和频谱资源利用效率，使其成为现代无线通信系统中不可或缺的一部分。它为用户提供了更快的数据传输速度和更可靠的通信服务。

（四）空分复用（Space Division Multiplexing，SDM）

空分复用（SDM）是一种多路复用技术，它利用空间资源，通过不同的天线或传输路径来传输多个信号。这种技术常用于多天线系统和 MIMO（Multiple-Input Multiple-Output）通信中，旨在提高数据传输速度和可靠性。SDM 通过同时使用多个天线或传输路径来实现并行传输，从而允许更多的数据流通过同一通信信道。

1. 空分复用的工作原理

SDM 的工作原理是在发送端和接收端使用多个天线或传输路径。在发送端，不同的数据流被分配到不同的天线或传输路径上，并以同步的方式传输。在接收端，通过接收和处理来自多个天线或传输路径的信号，可以提高数据传输速度和信号质量。通过使用多个天线或传输路径，SDM 可以降低信号衰减和多径干扰对通信性能的影响。

2. 空分复用的特点

第一，提高信号传输性能。空分复用通过同时利用多条天线或传输路径，可以提高信号传输性能。它允许更多的数据流通过同一通信信道，提供更高的数据传输速度和可靠性。

第二，复杂的信号处理和天线配置。实施 SDM 需要复杂的信号处理和天线配置。发送端和接收端需要配备多个天线，并进行复杂的信号处理和协调，以确保有效的空分复用。

第三，广泛应用。SDM 在无线通信和无线局域网领域得到广泛应用。例如，在 Wi-Fi 路由器和蜂窝网络中，使用 MIMO 技术实施空分复用，以提高网络性能。

3. 空分复用的应用

空分复用广泛应用于以下领域：

第一，蜂窝通信。蜂窝网络中的基站和移动设备配备多个天线，以提高通信性能和网络容量。

第二，Wi-Fi 网络。Wi-Fi 路由器使用 MIMO 技术实施空分复用，以允许多个用户同时连接并提供更高的无线数据传输速度。

第三，卫星通信。卫星通信系统中使用空分复用来提高信号传输质量和容量，以满足广域覆盖的需求。

第四，多天线系统。在多天线系统中，如雷达、通信系统和数据中心，SDM 用于提高数据传输速度和信号质量。

空分复用作为一种提高通信性能和网络容量的关键技术，对于满足现代通信需求至关重要。它为用户提供了更快的数据传输速度和更可靠的通信服务，适用于各种通信应用场景。

第四节　网络拓扑结构与设备连接

一、网络拓扑结构概述

网络拓扑结构定义了网络中设备的布局和连接方式。不同的网络拓扑结构适用于不同的应用场景，包括以下几种常见类型：

（一）星形拓扑（Star Topology）

星形拓扑（Star Topology）是一种常见的计算机网络结构，它具有明确的特点和优点，但也伴随着一些潜在的限制。

1. 易管理性

在星形拓扑中，所有设备都连接到一个中心节点，通常是一个交换机或集线器。这使得网络管理和维护变得相对简单，因为管理员可以轻松地监控和配置中心节点及与之相连的设备。如果需要添加、移除或更改设备，操作也相对容易，不会对整个网络造成太大干扰。

2. 单点故障

由于所有设备都依赖于中心节点，如果中心节点发生故障，整个网络可能会受到严重影响，甚至无法正常运行。这种情况下，网络的可用性会急剧下降。为了解决这个问题，我们通常采取冗余中心节点或备用中心节点的方式，以提高可靠性。

3. 带宽集中

在星形拓扑中，中心节点可能成为带宽瓶颈，特别是在大型网络中。因为所有数据流量都必须经过中心节点，如果网络中存在大量数据传输需求，中心节点的带宽可能会不足以满足所有设备的需求。这可能导致性能下降和数据传输延迟。

在选择星形拓扑时，网络管理员需要权衡易管理性和单点故障风险，确保网络的可用性和性能。通常，星形拓扑适用于小型到中型规模的网络，特别是办公室或家庭网络，因为这些环境中易管理性和简单性更为重要。但在大型企业网络或关键基础设施中，我们可能会采用其他拓扑结构，如树形拓扑或网状拓扑，以提高可用性和容错性。

（二）总线拓扑（Bus Topology）

总线拓扑（Bus Topology）是一种经典的计算机网络拓扑结构，它具有独特的特点和优势，但也伴随着一些限制。

1. 简单性

在总线拓扑中，所有设备都连接到一个共享的传输媒体，通常是一根电缆，如以太网中的双绞线。这种布局使得总线拓扑非常适合小型网络，因为它不需要复杂的设备或配置。设备只需连接到总线，并且能够直接与其他设备通信，这使其成为小型团队或小型办公室的理想选择。

2. 单点故障

由于所有设备都依赖于共享的总线，如果总线本身或连接到总线的任何设备发生故障，整个网络可能会受到影响。这种情况下，网络的可用性会下降，并且可能需要花费时间来定位和修复故障。

3. 信号衰减

随着信号在总线上传输的距离增加，信号的强度可能会减小。这可能导致数据传输错误和信号丢失。为了克服这个问题，总线拓扑可能需要使用信号放大器或中继器，以增强信号的强度，特别是在较长的总线上。

（三）环形拓扑（Ring Topology）

环形拓扑中，每个设备都与两个相邻设备相连，形成一个环。数据沿着环传递，直到到达目标设备。环形拓扑的特点包括：

1. 公平性

环形拓扑以其公平性而著称。在这种拓扑结构中，所有设备在传输数据时都具有相等的权利。每个设备都连接到两个相邻的设备，数据通过环传递，直到到达目标设备。这种结构确保了数据传输的相对公平性，没有设备会垄断网络带宽。每个设备都有机会传输数据，因此环形拓扑适用于需要公平共享带宽的场景。

2. 令牌传递

为了有效地控制数据传输，环形拓扑通常使用令牌传递机制。在这个机制中，一个特殊的控制帧，即令牌，沿着环传递。只有持有令牌的设备才有权传输数据。当一个设备完成数据传输后，它将令牌传递给下一个设备。这种方式可以防止数据冲突，确保数据按顺序传输。令牌传递也有助于提高网络的稳定性和可控性。

3. 单点故障

尽管环形拓扑具有许多优点，如公平性和令牌传递机制，但它也存在一个重要的限制，即单点故障。如果环中的某个设备或连接发生故障，整个环可能会中断，导致网络不可用。为了增强环形拓扑的可靠性，我们通常采用冗余路径或备用连接，以便在发生故障时能够绕过故障点。

（四）网状拓扑（Mesh Topology）

网状拓扑是一种复杂的网络结构，其中设备之间形成多个连接，可以是全连接或部分连接。网状拓扑的特点包括：

1. 冗余路径

网状拓扑提供了多条路径，可以实现数据传输的冗余性。这意味着如果网络中的某个连接或设备发生故障，数据可以通过备用路径继续传输。这增加了网络的可靠性，减

少了因故障而导致的数据丢失或中断。

2. 高度可扩展

网状拓扑通常是高度可扩展的，因为可以轻松添加新设备，扩展网络规模，而不会显著影响网络性能。这使得网状拓扑适用于大型复杂网络，例如企业级网络或数据中心网络，这些网络需要不断增加设备以满足不断增长的需求。

3. 管理复杂性

尽管网状拓扑具有许多优点，如冗余路径和可扩展性，但它也伴随着管理复杂性。由于存在多个连接和路径，网络的配置、监视和故障排除可能需要更多的工作。管理人员需要确保所有连接正常运行，以维护网络的稳定性和性能。

二、设备连接与布线技术

设备连接和布线技术是构建网络拓扑结构的重要环节，它涉及以下关键概念：

（一）物理连接

物理连接是构建计算机网络和通信系统的基础。它涉及选择和配置合适的传输媒体以便设备之间能够传输数据和信息。物理连接方式取决于网络的性质、距离、带宽需求和环境条件。

1. 有线连接

首先，电缆是一种常见的物理连接媒体，广泛应用于各种网络类型。常见的电缆类型包括双绞线（如以太网电缆）、同轴电缆（如电视信号传输中使用的电缆）、光纤电缆等。这些电缆类型具有不同的传输性能和适用范围。

其次，光纤电缆使用光的传输方式，提供了高带宽、低延迟和抗干扰性。因此，光纤通常用于长距离通信、高速互联网连接及数据中心内部的高速通信。

2. 无线连接

首先，Wi-Fi 是一种无线局域网技术，通常用于连接移动设备和计算机到无线路由器或接入点。Wi-Fi 使用无线电波传输数据，为用户提供了便携性和灵活性。

其次，蓝牙是一种短距离无线通信技术，用于连接设备，如耳机、键盘、鼠标、智能手机和其他外围设备。蓝牙通常用于个人设备之间的通信。

3. 选择传输媒体

选择适当的传输媒体取决于网络的需求。对于需要高带宽和高速传输的网络，如数据中心网络，光纤电缆通常是首选。而对于办公室网络或家庭网络，双绞线或 Wi-Fi 通常是更实际的选择。

4. 物理层设备

在物理连接中，物理层设备如网卡、光纤收发器、无线网卡等也起着关键作用。这些设备负责将数据转换成适合传输媒体的信号，并在接收端进行相反的操作以还原数据。

5. 物理连接的可靠性

物理连接的可靠性对于网络的稳定性和性能至关重要。损坏的电缆或连接器、信号衰减及外部干扰都可能导致连接质量下降。因此，定期检查和维护物理连接是网络管理的一部分。

（二）布线技术

布线技术是网络和通信系统中的关键组成部分，它涉及电缆、光纤和相关设备的安装、配置和维护，以确保物理连接的可靠性和高性能。

1. 电缆和光纤选择

首先，不同的网络应用需要不同类型的电缆。例如，以太网通常使用双绞线（如 Cat5e、Cat6）来连接计算机和交换机，而光纤电缆通常用于高带宽的长距离连接。正确选择电缆类型是保证网络性能的关键。

其次，光纤通常分为单模光纤和多模光纤。单模光纤适用于长距离通信，而多模光纤适用于短距离和高带宽的连接。选择适当类型的光纤是确保光纤连接质量的关键。

2. 连接器和插座

首先，不同的电缆类型和设备通常需要特定类型的连接器，如 RJ-45 连接器、LC 连接器、SC 连接器等。正确选择和安装连接器是确保连接质量的关键。

其次，插座的位置应该经过合理规划，以便用户能够方便地访问和连接设备。通常，插座应该位于易于到达的位置，如墙壁或地板插座盒。

3. 电缆走线和标识

首先，电缆应该以一种有序和整洁的方式布线，避免扭曲、折叠或受到物理损害。合理规划电缆路径有助于减少信号干扰和维护难度。

其次，每个电缆都应该标有唯一的标识，以便轻松识别和跟踪。这对于故障排除和维护非常重要。

4. 遵循标准

TIA/EIA-568-B 是美国通信工业协会（TIA）和电子工业协会（EIA）共同发布的标准，规定了通信电缆系统的设计和安装要求。遵循这些标准有助于确保网络连接的质量和一致性。

（三）交换设备

交换设备，如交换机和路由器，在现代网络中扮演着至关重要的角色。它们负责管理数据流量、确保数据的快速传输和提供网络安全。以下是交换设备在网络中的关键作用：

1. 交换机（Switch）

局域网内的数据交换：交换机是局域网内的核心设备，用于连接计算机、服务器、打印机等设备。它们通过根据 MAC 地址（物理地址）将数据包从一个端口传输到另一个端口，从而实现快速的数据交换。

广播域隔离：交换机可以将局域网划分为多个广播域，从而减少广播风暴和网络拥

塞的风险。每个端口通常属于一个单独的广播域。

虚拟局域网（VLAN）支持：交换机支持 VLAN，允许网络管理员将不同的设备划分到不同的虚拟局域网中，提高了网络的管理和隔离性。

链路聚合：交换机支持链路聚合，允许多个物理链路组合成一个逻辑链路，提供更大的带宽和冗余。

2. 路由器（Router）

不同网络之间的连接：路由器用于连接不同网络，例如连接局域网到广域网（Internet）或将多个局域网互连。它们决定了数据包如何从源网络传输到目标网络。

路由决策：路由器根据目标 IP 地址和路由表中的信息决定数据包的传输路径。这包括选择最佳路径、避免网络拥塞等决策。

网络地址转换（NAT）：在家庭网络和企业网络中，路由器通常执行 NAT，将多个内部设备映射到单个公共 IP 地址，增加了网络的安全性和隐私性。

防火墙功能：许多现代路由器具备防火墙功能，可以检查和过滤网络流量，以保护网络免受恶意攻击。

3. 选择合适的交换设备

规模和性能需求：选择交换机和路由器时，需要考虑网络的规模和性能需求。大型企业网络可能需要高容量、分布式交换机和多个高性能路由器，而小型办公室网络可能只需要简单的交换机和单个路由器。

网络拓扑：网络拓扑结构（如星形、总线形、网状形等）也会影响交换设备的选择。不同的拓扑可能需要不同类型的交换机和路由器。

安全性需求：如果网络需要更高的安全性，选择具有高级防火墙和安全功能的路由器是重要的。

（四）拓扑规划

拓扑规划在构建和维护网络中起着关键作用，因为它决定了网络的性能、可用性和可管理性。以下是拓扑规划的重要性和相关考虑因素：

1. 性能优化

拓扑规划可以确保网络在数据传输时提供最佳性能。考虑设备的位置、连接方式和带宽需求，可以减少潜在的网络拥塞并提高数据传输速度。

2. 冗余和高可用性

对于关键应用和业务，拓扑规划可以实现冗余路径，以确保在设备或链路故障时仍能保持连通性。这有助于提高网络的高可用性和可靠性。

3. 管理和维护

合理的拓扑规划可以简化网络管理和故障排除。设备的布局和标识使管理员能够更轻松地定位和解决问题。

4. 安全性

拓扑规划也可以涉及安全性考虑。例如，隔离敏感数据流量或设备可以增加网络的安全性。

5. 适应性

拓扑规划应该考虑未来的扩展需求。网络可能需要容纳新的设备、增加带宽或支持新的应用。因此，拓扑规划应该具有一定的灵活性和可扩展性。

6. 预算和资源

拓扑规划也需要考虑预算限制和可用资源。根据可用的资金和资源，可以选择适当的设备和拓扑结构。

第四章　网络协议与服务

第一节　传输层协议与流量控制

一、传输层协议概述

传输层协议在计算机网络中扮演着至关重要的角色。它负责将数据从源主机传送到目标主机，并提供了多种重要的功能，如数据分段、错误检测与纠正、流量控制与拥塞控制、多路复用与多路分解等。

（一）数据分段

传输层负责将从应用层产生的数据流分割成适合在网络上传输的数据段。这些数据段通常被称为数据包、段或报文。分割数据流的主要目的之一是允许大型数据流在网络上传输，而不需要等待整个数据流完全准备好。此外，数据分段还可帮助控制数据的流量，以防止网络拥塞。

每个数据段通常都包含一个序列号，以确保它们按照正确的顺序重新组装。这对于TCP 协议来说尤为重要，因为它要求数据按照顺序传输和重新组装。

（二）错误检测与纠正

传输层协议通常包括错误检测和纠正机制，以确保数据在传输过程中不会损坏或丢失。错误检测用于检测传输中是否发生了数据损坏，而错误纠正则可以在一定程度上修复损坏的数据。TCP 协议使用校验和字段来检测数据是否损坏，如果发现错误，数据包将被丢弃并要求重新传输。相反，一些高级协议如 UDP（用户数据报协议）则不提供纠正机制，而是依赖于上层应用来处理数据的完整性。

（三）流量控制与拥塞控制

传输层协议负责管理数据的流量，以确保发送方不会快于接收方处理数据。流量控制用于处理接收方的数据处理能力，以避免数据的溢出和丢失。通常，传输层使用滑动窗口协议来实现流量控制，其中接收方可以告知发送方可以发送的数据量。除了流量控制，传输层还负责处理整个网络中的拥塞情况。拥塞控制通过调整发送速率和重新传输策略来避免网络拥塞的发生。TCP 协议使用拥塞窗口来控制发送速率，同时使用拥塞避免算法来调整窗口大小，以避免过多的数据进入网络。

（四）多路复用与多路分解

传输层协议支持多路复用，即在一个连接上同时传输多个数据流，以提高带宽的有效利用。多路复用允许多个应用程序共享相同的传输连接，而无需为每个应用程序创建独立的连接。这在节省资源和提高网络效率方面非常重要。

多路分解用于将这些数据流正确分发到目标应用。每个数据流通常由一个唯一的端口号标识，这样传输层可以将接收到的数据包分发给正确的应用程序。套接字（socket）是网络编程中用于建立连接的通信端点，它包含了 IP 地址和端口号，用于唯一标识网络中的应用程序。

二、流量控制与拥塞控制

（一）流量控制

1. 流量控制的重要性

流量控制在计算机网络中具有重要的作用，它有助于维持网络的稳定性和性能。以下是流量控制的一些重要方面：

流量控制在计算机网络中扮演着至关重要的角色，它涉及调整和管理数据的流动，以确保网络的稳定性、性能和可靠性。

第一，防止数据丢失。流量控制的一个主要作用是确保发送方不会超过接收方处理的速度来发送数据。这是通过动态调整发送速率来实现的，以匹配接收方的处理能力。如果发送方过快地发送数据，接收方可能无法及时处理，导致数据包丢失。流量控制通过限制发送速率，确保了接收方能够处理所有数据，从而避免了数据丢失的风险。

第二，避免网络拥塞。流量控制有助于防止网络拥塞的发生。在一个网络中，如果数据包注入速度超过了网络的容量，就会导致拥塞，从而导致数据包丢失、延迟增加及网络性能下降。通过限制发送方的速率，流量控制可以有效地避免这种情况的发生，确保网络处于稳定状态。

第三，优化网络性能。流量控制有助于网络性能的优化。通过协调发送方和接收方之间的数据流动，流量控制可以确保数据以适当的速率传输，从而保持网络的吞吐量和延迟在合理范围内。这有助于网络在最佳性能下运行，提供更快的数据传输速度和更好的用户体验。

第四，适应不同的网络条件。网络条件可能随时发生变化，如带宽利用率、延迟、丢包率等。流量控制可以根据实际网络条件进行动态调整，以适应不同的环境。在高负载或拥挤的网络中，它可以减缓数据传输速率，以避免数据丢失和拥塞。而在网络条件改善时，它可以提高发送速率，以更有效地利用网络资源。

第五，保护接收方。流量控制有助于保护接收方免受来自发送方的数据过载的影响。对于接收方来说，如果其处理能力有限，过多的数据流可能导致性能下降或崩溃。流量控制通过限制发送速率，确保接收方可以处理其能力范围内的数据，从而保护了接收方的正常运行。

2.TCP 中的滑动窗口流量控制

TCP 协议使用滑动窗口机制来实现流量控制。滑动窗口是一个动态调整的窗口大小，表示发送方可以发送多少个数据段而不等待确认。滑动窗口的大小由接收方根据自身处理能力和网络条件动态调整。

滑动窗口流量控制的工作原理如下：

第一，初始化。在 TCP 连接建立时，发送方和接收方都会初始化自己的滑动窗口大小。滑动窗口的大小通常由操作系统和网络栈决定，根据系统资源和网络条件进行动态分配。初始大小的选择对于后续的流量控制至关重要，因为它决定了初始数据传输速率。

第二，数据发送。一旦 TCP 连接建立，并且初始滑动窗口大小确定，发送方可以开始发送数据段。发送方维护一个发送窗口，其大小不会超过滑动窗口的大小。发送方将数据段发送到接收方，并等待接收到来自接收方的确认（ACK）信息。在滑动窗口内的数据段可以被发送，而窗口外的数据段必须等待。

第三，数据接收。接收方接收到数据段后，会对其进行确认。确认信息包含了接收方当前的滑动窗口大小，这是基于接收缓冲区的可用空间和处理能力来确定的。接收方将确认信息发送回发送方，告知发送方可以发送多少数据。这个确认机制允许接收方有效地控制数据的流量，以避免数据的堆积和丢失。

第四，窗口调整。通过不断地在发送方和接收方之间传递确认信息，滑动窗口的大小可以根据网络条件进行动态调整。这意味着如果网络延迟较低，且接收方有足够的空间和处理能力，那么滑动窗口的大小可以增加，从而提高了数据传输速率。相反，如果网络拥塞或接收方缓冲区快满了，滑动窗口的大小会减小，以避免过多的数据包在网络中传输，从而减轻了网络负担。

第五，连续的流量控制。这个过程会持续进行，直到所有的数据段都被发送和确认。发送方和接收方不断地根据对方的状态和网络条件来调整滑动窗口的大小，以确保数据的可靠传输和网络的稳定性。这种滑动窗口流量控制机制允许 TCP 在不同的网络环境下自适应，从而实现了高效的数据传输。

（二）拥塞控制

1. 拥塞窗口

首先，拥塞窗口（Congestion Window）是 TCP 协议中的一个关键概念，它用于控制发送方在任何给定时间内可以发送到网络中的未被确认的数据包数量。拥塞窗口的大小直接影响了发送方的发送速率。TCP 的拥塞控制机制通过调整拥塞窗口的大小来管理网络中的拥塞情况，从而避免数据包的丢失和网络性能的下降。

其次，拥塞窗口的动态调整是 TCP 协议的核心特性之一。在 TCP 连接建立时，拥塞窗口的初始大小通常较小，以确保不会在连接刚刚建立时就向网络注入大量数据。随着时间的推移，发送方通过逐渐增加拥塞窗口的大小来提高发送速率。这个过程被称为“拥塞窗口的拓展”。

再次，拥塞窗口的大小是根据网络的拥塞程度进行调整的。当网络没有拥塞时，TCP 发送方会增加拥塞窗口的大小，以提高数据传输速率。然而，一旦网络出现拥塞，TCP 会检测到数据包丢失或延迟增加，然后减小拥塞窗口的大小，以降低数据包注入网络的速度。这种自适应性使得 TCP 可以在不同网络条件下表现良好。

最后，拥塞窗口的动态调整是通过 TCP 协议中的拥塞避免算法来实现的。其中最著名的算法之一是 TCP Tahoe 和 TCP Reno 中使用的拥塞避免算法。这些算法使用拥塞窗口大小和往返时间（RTT）来检测网络拥塞的迹象，并采取适当的措施来调整拥塞窗口的大小。这包括慢启动、拥塞避免和快速重传等机制，以确保网络资源得到有效利用并避免网络拥塞的恶化。

2. 拥塞避免算法

首先，拥塞避免算法是 TCP 协议中的一种关键机制，用于处理网络拥塞的问题。该算法的主要目标是确保网络中的数据传输过程既高效又稳定，同时避免出现拥塞引发的性能下降和数据包丢失。

其次，拥塞避免算法的工作原理基于拥塞窗口的动态调整。拥塞窗口是发送方允许发送到网络中的未被确认的数据包数量的上限。初始时，拥塞窗口被设置为一个较小的值，以确保在连接建立时不会向网络注入大量数据。然后，拥塞窗口逐渐增大，允许发送方发送更多的数据。

再次，拥塞避免算法通过以下方式进行工作：

其一，慢启动（Slow Start）。在连接刚建立时，拥塞窗口被设置为一个小的值，通常为 1 或 2。然后，每当接收到一个确认时，拥塞窗口大小翻倍。这导致发送方逐渐增加发送速率，从而实现了慢启动的效果。

其二，拥塞避免（Congestion Avoidance）。一旦拥塞窗口达到一定阈值（通常由拥塞窗口的初始值和慢启动过程中的增长速率决定），发送方进入拥塞避免阶段。在拥塞避免阶段，拥塞窗口的增长速率减小，通常采用线性或指数增长。这有助于更稳定地增加发送速率，而不会快速达到网络的容量上限。

其三，快速重传（Fast Retransmit）。如果发送方检测到有一个或多个数据包丢失，它会立即重传丢失的数据包，而不是等待超时。这可以加快恢复时间，减少网络拥塞的可能性。

其四，快速恢复（Fast Recovery）。在快速重传后，发送方进入快速恢复状态，其中拥塞窗口大小减半，以降低网络负载。然后，拥塞窗口逐渐增长，以重新达到较高的发送速率。

最后，拥塞避免算法的目标是在网络资源利用和拥塞之间寻找平衡。通过动态调整拥塞窗口的大小，TCP 协议可以避免过多的数据注入网络，从而防止网络拥塞。这种自适应性使得 TCP 在不同网络条件下都能够提供可靠的数据传输，同时确保网络性能的最佳化。拥塞避免算法在 TCP 协议的设计中起到了关键作用，为互联网的可靠运行做出了

重要贡献。

3. 快速重传和快速恢复

首先，快速重传和快速恢复是 TCP 协议中的两个关键机制，用于更快地检测到丢失的数据包并减少数据重传的延迟。它们的引入旨在改进 TCP 在面对网络拥塞时的性能，使其更加高效和灵活。

其次，快速重传的工作原理如下：

其一，数据包丢失检测。当接收方检测到一个或多个数据包丢失时，通常是通过发现接收到了一个无序的数据包或者通过计时器超时来判断的。接收方会立即发送一个重复确认（Duplicate ACK）给发送方。

其二，重复确认的作用。重复确认通知发送方，接收方已经接收到了一些数据包，但它期望的数据包尚未到达。这告诉发送方有数据包丢失，而无需等待超时触发重传。

其三，快速重传触发。当发送方连续收到三个重复确认时，它将立即执行快速重传。这表示发送方认为有一个数据包已经丢失，并且不需要等待超时。

其四，快速重传的操作。在快速重传后，发送方会立即重传丢失的数据包，而无需等待正常的超时定时器。这减少了数据包重传的延迟，因为它们可以更快地到达接收方。

再次，快速恢复与快速重传密切相关，它的工作原理如下：

其一，重传后的拥塞窗口减半。在执行快速重传后，发送方会将拥塞窗口大小减半，以降低数据注入网络的速率，从而减轻拥塞。

其二，快速恢复状态。发送方进入快速恢复状态，其中拥塞窗口大小逐渐增加，以实现逐步提高发送速率的目标。

其三，快速恢复的优势。相比于等待超时触发的重传，快速恢复允许发送方更快地恢复到较高的数据传输速率。这有助于减少网络拥塞的影响，并提高了 TCP 的性能。

最后，快速重传和快速恢复机制的引入使 TCP 能够更快地适应网络拥塞，并减少了数据传输的延迟。这些机制的协同作用有助于确保 TCP 在复杂的网络环境中依然能够提供可靠的数据传输，同时减轻了网络拥塞可能带来的不利影响。

第二节　应用层协议与网络服务

一、应用层协议概述

（一）协议的定义

应用层协议是一组规则和约定，它们定义了数据如何在应用程序之间传输、交换和处理。这些规则包括以下方面：

1. 数据格式

在计算机网络中，不同的应用程序可能需要传输各种类型的数据，包括文本、图像、音频和视频等。应用层协议规定了这些数据的结构和编码方式，以确保数据能够正确地在发送方和接收方之间传输和解释。

例如，HTTP 协议规定了如何传输和呈现网页内容，HTML 是一种常见的文本数据格式，而图像和多媒体内容可以使用其他格式如 JPEG、PNG、MP3 和 MP4 进行编码和传输。

2. 通信流程

协议定义了应用程序之间的通信流程，包括建立连接、数据传输、数据接收和连接释放等步骤。通信流程通常遵循特定的顺序和规则，以确保数据的可靠传输。

以 HTTP 协议为例，通信流程通常涉及以下步骤：

客户端发送 HTTP 请求到服务器。

服务器接收请求并处理。

服务器发送 HTTP 响应给客户端。

客户端接收响应并处理。

这一通信流程确保了在 Web 浏览器和 Web 服务器之间的正常数据交换。

3. 错误处理

协议通常包括错误检测和纠正机制，以确保数据在传输过程中不会损坏或丢失。错误处理是确保数据完整性的关键部分，它可以识别并修复可能导致数据丢失或损坏的问题。

例如，TCP 协议使用校验和来检测数据包的传输错误，而在发生错误时，它会请求重新传输丢失或损坏的数据段，以确保数据的可靠传输。

4. 安全性

随着互联网的发展，安全性变得至关重要。一些应用层协议包括了安全性和加密机制，以保护数据的隐私和完整性。这些机制确保数据在传输和存储过程中不会被未经授权地访问或篡改。

例如，HTTPS 协议是 HTTP 的安全版本，它使用 SSL/TLS 协议来加密传输的数据，以保护用户的隐私和敏感信息。

5. 应用层数据

应用层协议还规定了应用层数据的语义，即数据的含义和用途。这有助于接收方正确地理解和处理数据，确保数据在应用程序之间的交互中具有一致性。

（二）用户与应用程序接口

应用层协议为应用程序提供了一种与网络进行通信的标准接口。这使得开发者可以编写不同操作系统和编程语言的应用程序，而无需担心底层网络细节。这一接口包括以下方面：

1. 函数和方法

应用层协议定义了一组函数或方法，这些函数或方法负责处理协议规定的通信细节。通过调用这些函数或方法，应用程序能够使用协议来发送和接收数据。

例如，在网络编程中，Socket 编程是一种常见的方式，应用程序可以使用 Socket API 中提供的函数来创建套接字、建立连接、发送数据和接收数据。不同的编程语言提供了不同的 Socket 库，但它们都遵循了一定的协议规范，以实现网络通信。

2. 数据结构

协议可能要求应用程序使用特定的数据结构来表示和处理数据。这些数据结构通常与协议的数据格式相关联。应用程序需要了解协议规定的数据结构，以正确地编码和解码数据。

例如，在 HTTP 协议中，请求和响应消息的数据结构通常由首部（header）和消息体（body）组成。应用程序需要根据协议规范构建正确的首部，并将数据放置在消息体中，以确保数据的正确传输和解释。

3. 错误处理接口

应用层协议通常提供了一种错误处理接口，允许应用程序获取有关通信错误的信息。这些错误信息可能包括连接失败、数据包丢失、超时等。应用程序可以根据这些信息采取适当的措施，例如重新发送数据、关闭连接或向用户报告错误。

4. 事件回调

一些协议允许应用程序注册事件回调函数，以处理特定的事件。这些事件可能包括数据到达、连接建立、连接关闭等。通过注册回调函数，应用程序能够在特定事件发生时执行自定义的处理逻辑。

例如，在图形用户界面（GUI）应用程序中，用户可能需要处理鼠标点击事件或键盘输入事件。类似地，网络应用程序可以注册事件回调函数来处理与网络通信相关的事件，如数据的接收和处理。

二、常见的网络服务

应用层协议定义了各种网络服务，如电子邮件、文件传输、网页浏览、视频流媒体、语音通信服务、社交媒体服务等。这些服务允许用户在网络上进行各种任务和交互。

（一）电子邮件服务

1. 功能

电子邮件服务的主要功能包括：

第一，发送电子邮件。用户可以使用电子邮件服务编写并发送电子邮件消息，其中包括电子邮件地址、主题、正文和附件等内容。

第二，接收电子邮件。用户可以使用电子邮件服务接收来自其他用户或发件人发送的电子邮件消息。这些消息存储在用户的电子邮件收件箱中。

第三，管理电子邮件。电子邮件服务允许用户对接收到的电子邮件进行管理，包括标记为已读或未读、归档、删除、转发、回复等操作。

第四，电子邮件搜索。用户可以使用搜索功能来查找特定的电子邮件，通过关键词、发件人、日期范围等条件来筛选电子邮件。

第五，附件处理。电子邮件服务支持发送和接收附件，用户可以通过电子邮件共享文档、照片、音频、视频等文件。

第六，通讯录。用户可以创建和管理电子邮件通讯录，以便更轻松地选择收件人并避免拼写错误。

第七，过滤和垃圾邮件防护。电子邮件服务通常提供过滤功能，以帮助用户识别和过滤垃圾邮件或恶意软件。

第八，多设备同步。多数电子邮件服务支持在多个设备上同步电子邮件，确保用户可以随时随地访问他们的电子邮件。

2. 特点

电子邮件服务具有以下特点：

第一，协议。电子邮件服务使用一系列协议来管理电子邮件的传输和存储。SMTP（Simple Mail Transfer Protocol）用于发送电子邮件，而 POP3（Post Office Protocol 3）和 IMAP（Internet Message Access Protocol）用于接收和管理电子邮件。

第二，全球性。电子邮件是一种全球性的通信工具，用户可以与世界各地的人进行电子邮件通信，无需物理邮寄。

第三，电子签名和加密。电子邮件服务支持数字签名和加密，以确保电子邮件的安全性和完整性。这对于商业和敏感信息的传输非常重要。

第四，邮件服务器。电子邮件服务通常由邮件服务器提供，用户需要设置电子邮件客户端来连接到这些服务器。不同的邮件提供商（如 Gmail、Outlook、Yahoo 等）提供不同的邮件服务器。

第五，移动应用和 Web 界面。多数电子邮件服务提供移动应用程序和 Web 界面，使用户可以使用各种设备访问他们的电子邮件。

第六，垃圾邮件过滤。为了减少垃圾邮件的干扰，电子邮件服务通常配备了垃圾邮件过滤器，可以识别和过滤垃圾邮件。

第七，容量。电子邮件服务通常提供一定的电子邮件存储容量，用户可以存储其接收的电子邮件。一些服务还提供付费升级，以获得更大的存储空间。

（二）文件传输服务

1. 功能

文件传输服务的主要功能包括：

第一，上传文件。用户可以使用文件传输服务将本地文件上传到远程服务器或云存储中，以便在不同设备之间共享文件。

第二，下载文件。用户可以从远程服务器或云存储中下载文件到本地设备，以获取所需的数据或资源。

第三，远程文件访问。文件传输服务允许用户通过网络远程访问和管理文件，而无

需物理接触存储设备。这对于远程办公、文件共享和协作非常有用。

第四，文件同步。一些文件传输服务提供文件同步功能，可以确保多个设备上的文件保持同步，无论用户在哪个设备上进行了更改。

第五，文件共享和授权。用户可以使用文件传输服务共享文件，并为其他用户授予特定的文件访问权限，例如只读或读写权限。

第六，文件版本控制。一些服务提供文件版本控制功能，允许用户查看和还原文件的不同版本，以跟踪更改历史记录。

2. 特点

文件传输服务具有以下特点：

第一，协议。文件传输服务使用不同的协议来实现文件传输，包括 FTP（File Transfer Protocol）、SFTP（Secure File Transfer Protocol）、HTTP（Hypertext Transfer Protocol） 等。这些协议提供了不同的安全性和性能特点，适用于不同的应用场景。

第二，安全性。对于敏感数据和文件，一些文件传输服务提供了加密和身份验证机制，以确保数据的机密性和完整性。

第三，多平台支持。文件传输服务通常提供跨多种操作系统和设备的支持，包括 Windows、macOS、Linux、移动设备等。

第四，云集成。许多文件传输服务与云存储服务集成，允许用户轻松地将文件上传到云存储或从云存储中下载文件。

第五，用户管理和权限控制。文件传输服务通常提供用户管理和权限控制功能，允许管理员分配和管理用户的访问权限。

第六，容量和存储。文件传输服务通常根据用户需求提供不同容量的存储空间，一些提供商还提供额外的存储空间升级选项。

（三）网页浏览服务

1. 功能

网页浏览服务的主要功能包括：

第一，访问网页。用户可以使用 Web 浏览器访问互联网上的各种网页。这些网页包括新闻、博客、社交媒体、电子商务网站、学术资源、娱乐内容等。

第二，搜索信息。用户可以使用搜索引擎来查找特定主题或关键词的信息。搜索引擎会提供与用户查询相关的网页链接。

第三，在线交互。用户可以与网页上的内容进行互动，例如发表评论、分享内容、填写表单、进行在线购物等。

第四，学习和教育。学生和教育者可以通过网页浏览服务获取教育资源、在线课程和学习材料。

第五，娱乐和媒体。用户可以观看在线视频、听取音乐、玩在线游戏及参与社交媒体等娱乐活动。

2. 特点

网页浏览服务的特点包括：

第一，HTTP 协议。HTTP（Hypertext Transfer Protocol）是网页浏览服务的核心协议，它定义了浏览器和 Web 服务器之间的通信规则。通过 HTTP，浏览器可以请求网页内容并将其呈现给用户。

第二，丰富多样的内容。互联网上存在着数以亿计的网页，涵盖了各种领域的信息，包括新闻、科学、技术、艺术、文化等。这些网页内容多种多样，满足了不同用户的需求和兴趣。

第三，搜索引擎。搜索引擎如 Google、Bing 和 Baidu 等提供了快速、便捷的信息搜索服务。用户可以使用关键词来查找特定主题的信息，并获取相关的网页链接。

第四，多平台支持。网页浏览服务支持各种操作系统和设备，包括桌面电脑、笔记本电脑、智能手机、平板电脑等。用户可以根据其设备选择适合的浏览器。

第五，在线互动和社交媒体。用户可以与网页上的内容进行互动，例如在社交媒体上分享、点赞或评论。这种互动性使用户能够参与在线社区。

（四）视频流媒体服务

1. 功能

视频流媒体服务的主要功能包括：

第一，观看视频内容。用户可以通过互联网观看各种类型的视频内容，包括电影、电视节目、新闻、体育赛事、音乐会等。

第二，实时直播。用户可以观看实时直播活动，如体育比赛、音乐会、新闻报道和游戏直播。这使用户可以在实时事件发生时参与其中。

第三，点播服务。用户可以随时选择观看他们喜欢的视频内容，而无需等待特定的广播时间。这种方式通常被称为点播服务。

第四，多平台支持。视频流媒体服务可以在多种设备上使用，包括智能手机、平板电脑、智能电视、桌面电脑等。

2. 特点

视频流媒体服务的特点包括：

第一，传输协议。视频流媒体使用一系列协议来实现高质量的视频和音频传输。这些协议包括 HTTP 流媒体、RTSP（Real-Time Streaming Protocol）、RTMP（Real-Time Messaging Protocol）等。

第二，编解码。视频流媒体服务通常使用先进的视频编解码技术，以实现高清晰度（HD）和超高清晰度（UHD）的视频传输。

第三，内容多样性。视频流媒体服务提供了各种类型的视频内容，满足用户的娱乐、信息、教育和社交需求。这包括娱乐节目、纪录片、教育视频、视频会议等。

第四，全球范围。用户可以随时随地访问视频流媒体服务，从而打破了地理限制。

这使得用户可以观看来自世界各地的内容。

第五，个性化建议。视频流媒体服务通常提供个性化的内容建议，根据用户的兴趣和观看历史来推荐相关内容。

（五）语音通信服务

1. 功能

语音通信服务的主要功能包括：

第一，语音通话。用户可以通过网络进行实时语音通话，与朋友、家人、同事或任何其他人进行语音交流。这种通话可以是一对一的，也可以是多方通话，包括会议电话。

第二，语音消息。用户可以录制和发送语音消息，这对于快速传达信息或在不方便进行实时通话时非常有用。

第三，VoIP 电话。语音通信服务通常使用 VoIP（Voice over Internet Protocol）技术，允许用户拨打传统电话号码并接收来自传统电话网的电话。

第四，视频通话。一些语音通信应用程序还提供视频通话功能，允许用户进行实时视频通话。

2. 特点

语音通信服务的特点包括：

第一，协议。VoIP 服务通常使用一系列协议来实现语音通信，其中包括 SIP（Session Initiation Protocol）用于建立、管理和终止通话，以及 RTP（Real-Time Transport Protocol）用于传输音频数据。

第二，全球覆盖。语音通信服务允许用户在全球范围内进行通信，无论距离多远。这突破了地理限制，使国际通信变得更加容易。

第三，成本效益。VoIP 通常比传统电话服务更经济，尤其是在国际长途通话方面。这使得用户能够以更低的费用进行通信。

第四，多平台支持。语音通信服务可用于多种设备，包括智能手机、平板电脑、计算机和 VoIP 电话。

第五，加密和安全性。为了保护通信的隐私和安全，语音通信服务通常采用加密技术来保护音频数据。

第六，即时通信整合。一些语音通信应用程序还整合了即时消息传递（IM）功能，允许用户在通话期间发送文本消息、图片和文件。

（六）社交媒体服务

1. 功能

社交媒体服务的主要功能包括：

第一，创建个人资料。用户可以在社交媒体平台上创建自己的个人资料，包括个人信息、照片、兴趣爱好等。

第二，分享内容。用户可以发布文本、图像、视频和链接等各种类型的内容，与其他用户分享自己的生活、思想和见解。

第三，社交互动。社交媒体允许用户互动，包括点赞、评论、分享、转发和私信等功能。这促进了用户之间的交流和互动。

第四，建立社交网络。用户可以通过关注或添加其他用户建立自己的社交网络，以便随时获取其更新和内容。

第五，实时通信。一些社交媒体平台提供实时聊天功能，允许用户一对一或多方进行聊天和视频通话。

2. 特点

社交媒体服务的特点包括：

第一，多平台支持。社交媒体应用程序可在各种设备上使用，包括智能手机、平板电脑和计算机。用户可以随时随地访问社交媒体。

第二，全球覆盖。社交媒体是全球性的，用户可以连接到来自世界各地的人们，了解不同文化和观点。

第三，大规模用户基础。社交媒体平台通常拥有庞大的用户基础，这使得用户可以与数百万甚至数十亿其他用户互动。

第四，内容分享。用户可以轻松地分享各种类型的内容，包括照片、视频、新闻文章和博客帖子等。

第五，个性化推荐。社交媒体平台使用算法来个性化推荐内容，以满足用户的兴趣和喜好。

第六，隐私设置。用户可以控制其个人资料和共享的内容的隐私设置，以保护个人信息。

第七，社交影响力。一些社交媒体平台允许用户建立自己的社交影响力，通过分享内容和积极互动来吸引关注者。

第三节　互联网服务与应用

一、互联网基础服务

互联网基础服务是支撑互联网正常运行的基础设施和服务。它们包括：

（一）域名服务（DNS）

域名服务（DNS）是互联网的基础服务之一，它将易记的域名解析为 IP 地址，使用户能够使用文本标识来访问互联网资源。

1. 功能和作用

域名服务的主要功能是将人类可读的域名（例如 www.example.com）转换为计算机

可识别的 IP 地址（例如 192.0.2.1）。这样，用户可以使用域名来访问网站、发送电子邮件等，而无需记住复杂的数字 IP 地址。

2. 域名系统结构

域名系统采用分层结构，其中包含顶级域（例如 .com、org、net）、二级域（例如 example.com）、子域和主机名。DNS 服务器分布在全球各地，它们按层次性地查找域名解析信息，以提供准确的 IP 地址。

3. 域名解析过程

当用户在浏览器中输入域名时，操作系统会首先检查本地 DNS 缓存是否包含与该域名相关的 IP 地址。如果没有，操作系统将向本地 DNS 服务器发出查询请求，本地 DNS 服务器将查询其他 DNS 服务器，以获取域名对应的 IP 地址。最终，IP 地址将返回给操作系统，浏览器将使用它来建立连接。

4. 域名注册

域名需要注册，通常通过域名注册商进行。注册商负责管理域名的分配和更新，用户可以租赁域名一段时间。注册信息通常包括域名所有者的联系信息和 DNS 服务器配置。

5. 重要性

域名服务是互联网的关键基础设施之一，它使互联网资源易于访问和使用。没有域名服务，用户将不得不记住大量的数字 IP 地址，这对于普通用户来说是不实际的。

（二）IP 地址分配和路由

IP 地址分配和路由是确保互联网上的数据能够正确传输的关键服务。

1.IP 地址分配

IP 地址是分配给互联网上的设备以进行唯一标识的数字地址。IP 地址分配由互联网数字分配机构（IANA）、区域互联网注册管理机构（RIR）和互联网服务提供商（ISP）进行管理。这确保了每个设备都有一个独特的 IP 地址，并且它们按地理位置进行分组。

2. 路由

路由是指决定数据包从源到目标的路径的过程。互联网上存在成千上万的路由器，它们负责将数据包从一个网络传递到另一个网络。路由协议如 BGP（边界网关协议）用于确定最佳路由，确保数据能够按照正确的路径到达目标。

3.IPv4 和 IPv6

互联网采用 IPv4 和 IPv6 两种主要 IP 地址协议。IPv4 地址空间已经枯竭，因此 IPv6 被引入以提供更多的 IP 地址。IPv6 具有 128 位地址空间，而 IPv4 只有 32 位。

4. 子网划分

IP 地址可以被划分为子网，以允许更多的灵活性和更好的网络管理。子网划分是网络设计的重要部分，它可以根据不同网络需求进行定制。

5. 负载均衡

负载均衡是路由器和交换机的重要功能之一，它确保网络流量均匀分布，避免拥塞和性能问题。

（三）安全服务

安全服务是互联网的重要组成部分，它包括使用各种措施和协议来保护网络免受恶意攻击。

1. 防火墙

防火墙是网络安全的第一道防线，它用于监控和过滤网络流量，以阻止未经授权的访问和潜在的威胁。防火墙可以配置为允许或拒绝特定类型的流量，并可以进行状态跟踪以确保连接的合法性。

2. 入侵检测系统（IDS）

入侵检测系统用于监控网络中的异常活动和潜在的入侵尝试。它分为网络入侵检测系统（NIDS）和主机入侵检测系统（HIDS）。IDS 可以检测到未经授权的访问、恶意软件活动和其他安全威胁。

3. 虚拟私人网络（VPN）

VPN 提供了一种加密的通信通道，用于通过公共网络安全地传输数据。它常用于远程办公、远程访问和保护敏感信息。VPN 通过加密和隧道协议确保数据的机密性和完整性。

4. 加密

数据加密是网络通信中的一项重要安全措施。它使用密码算法将数据转换为不可读的形式，只有具有正确密钥的接收方才能解密并访问数据。常见的加密协议包括 TLS(传输层安全性）和 SSL(安全套接字层)。

5. 认证和授权

认证确保用户或设备的身份，并授权确定用户或设备是否具有访问特定资源或执行特定操作的权限。常见的认证方法包括用户名和密码、双因素认证和生物识别认证。

（四）时间同步服务

时间同步服务是确保互联网上所有设备使用准确的时间的关键组成部分。

1. 网络时间协议（NTP）

NTP 是一种用于在互联网上同步设备时钟的协议。它使用一组分布式的时间服务器，这些服务器提供准确的时间参考。计算机和其他设备可以通过 NTP 协议与这些服务器同步其时钟。

2. 时间戳

时间戳是网络通信中的重要元素，它用于确保数据的准确顺序和时序。时间戳标记数据包的发送和接收时间，以帮助识别延迟、数据重排和其他时间相关问题。

3. 日志记录和合规性

许多安全和合规性标准要求网络设备和服务器记录时间戳以支持审计、调查和合规性检查。

4. 协同操作

时间同步对于协同操作非常重要，因为不同设备需要在时间上保持一致，以确保协作工作的正确执行。

二、互联网应用

互联网应用是基于互联网服务构建的具体应用程序和工具。它们使用互联网服务作为基础，为用户提供特定的功能和体验。

（一）电子邮件客户端

电子邮件客户端是一类互联网应用程序，旨在处理电子邮件的创建、发送、接收和管理。这些客户端提供了用户与电子邮件服务交互的接口，使用户能够有效地管理其电子邮件通信。

1. 邮件发送和接收

电子邮件客户端允许用户轻松地编写新的电子邮件消息并将其发送到目标收件人。同时，它们能够从电子邮件服务器接收新的邮件消息，并将它们显示在用户的收件箱中。这种双向的通信能力是电子邮件客户端的核心功能之一。

2. 邮件组织和管理

为了帮助用户更好地组织和管理其电子邮件通信，电子邮件客户端提供了多种工具和功能。用户可以创建自定义文件夹来分类邮件，标记重要的消息，过滤和拦截垃圾邮件，设定自动回复，以及管理已发送邮件的副本等。这些功能有助于用户将电子邮件保持井然有序，提高了工作效率。

3. 邮件搜索功能

随着电子邮件数量的增加，搜索功能变得尤为重要。电子邮件客户端通常具备强大的搜索功能，使用户能够快速准确地查找特定的邮件消息、附件或发件人。这对于在庞大的邮件库中找到所需信息至关重要。

（二）Web 浏览器

Web 浏览器是一类互联网应用程序，用于访问、浏览和呈现互联网上的网页和内容。它们充当了用户与 Web 服务和资源进行交互的媒介。

1. 网页浏览

Web 浏览器的主要功能之一是允许用户浏览互联网上的网页。用户可以通过输入网页地址（URL）或进行搜索来访问不同的网页和在线资源。浏览器能够解析和呈现使用 HTML（超文本标记语言）、CSS（层迭样式表）和 JavaScript 等 Web 技术创建的网页。这些技术允许网页包含文本、图像、视频、音频和互动元素，以提供丰富的用户体验。

2. 标签页

多数 Web 浏览器支持标签页（或选项卡），这使用户能够同时打开多个网页，并在它们之间轻松切换。标签页提高了浏览效率，让用户能够组织和管理多个打开的网页，而不必在不同窗口之间切换。

3. 书签和历史记录

Web浏览器允许用户创建书签，以保存常访问的网页。这些书签可以组织在文件夹中，以便快速访问。此外，用户还可以查看他们的浏览历史记录，以查找之前访问过的网页。

（三）社交媒体应用

社交媒体应用程序允许用户在移动设备上访问和使用社交媒体服务，如 Facebook、Twitter 和 Instagram 的移动应用。

1. 个人资料和动态

社交媒体应用程序允许用户创建个人资料，其中包括他们的个人信息、照片、兴趣和职业等。用户可以在自己的动态（或时间轴）中发布各种内容，包括文字、图片、视频和链接。这些帖子可以展示用户的生活、活动、见解和观点。用户的朋友、关注者或连接可以浏览他们的动态，从而了解他们的最新动态。

2. 社交互动

社交媒体应用程序的核心功能之一是社交互动。用户可以与其他用户进行各种互动，包括点赞（喜欢）、评论、分享和私信。点赞表示用户对某个帖子或内容的喜欢或认同，评论允许用户发表他们的看法和回应，分享允许用户将有趣或有价值的内容传播给其他人，而私信则允许用户与其他用户进行一对一的聊天。

3. 实时通知

社交媒体应用程序通过实时通知功能保持用户与社交互动的感知。用户会在有人点赞、评论、分享或 @ 提及他们时收到通知。这种实时性使用户能够快速响应社交互动，保持与其他用户的联系。

（四）音乐和视频流媒体应用

音乐和视频流媒体应用程序允许用户在移动设备上流式传输音乐和视频内容，如 Spotify、Netflix 和 YouTube 的移动应用。

1. 音乐流媒体应用

首先，音乐流媒体应用拥有庞大的音乐库，覆盖各种音乐类型和流派。这些库中包含了来自世界各地的数百万首歌曲，从经典到流行、从古典到嘻哈，几乎无所不包。

其次，这些应用采用智能算法，分析用户的听歌历史、喜好和行为模式，以提供个性化的音乐推荐。用户可以根据他们的口味发现新音乐，提高了探索音乐的乐趣。

再次，音乐流媒体应用允许用户将歌曲下载到本地存储设备，以在没有互联网连接的情况下进行离线播放。这对于用户在飞行、地下交通或没有信号的区域仍然享受音乐非常有用。

最后，流媒体应用通常支持高音质的音乐流，甚至提供无损音乐，以确保音质的高保真度。音质的提升提供了更令人愉悦的听觉体验。

2. 视频流媒体应用

首先，视频流媒体应用拥有广泛的内容库，包括电影、电视节目、纪录片和原创内容。这些内容覆盖了各种流派和主题，满足了不同用户的娱乐需求。

其次，与音乐流媒体应用类似，视频流媒体应用也使用算法分析用户的观看历史和喜好，以提供个性化的视频推荐。这有助于用户发现新的电影和节目，提高了观看体验。

再次，一些视频流媒体应用允许用户下载视频内容以进行离线观看。这对于用户在没有网络连接的情况下观看内容、在旅途中或在区域性信号较差的地区非常有用。

最后，视频流媒体应用通常支持高清（HD）和超高清（4K）视频流，以提供更高质量的观看体验。这尤其适用于拥有高分辨率电视或监视器的用户。

（五）即时通信应用

1. 即时通讯应用的基本特点

首先，文字消息。即时通信应用的核心功能是文字消息的发送和接收。用户可以通过这些应用与他人进行实时聊天，与朋友、家人、同事和其他联系人保持联系。这种文字消息功能的实时性和便捷性使用户能够迅速传达信息、分享新闻和讨论话题。

其次，多媒体分享。除了文字消息，即时通信应用还支持多媒体内容的分享，包括照片、视频、音频和各种文件类型。这样的功能丰富了对话内容，用户可以轻松地与他人分享生活瞬间、娱乐内容和工作文件。

最后，语音和视频通话。即时通信应用通常提供语音通话和视频通话功能，允许用户通过互联网进行实时通话。这对于远程工作、远程学习和与远方的亲友保持联系非常有用。语音和视频通话提供了更加身临其境的通信体验，让用户能够听到对方的声音或看到对方的面孔。

2. 即时通信应用的高级功能

首先，表情和贴纸。表情符号和贴纸是即时通信应用中常见的表情工具。它们用于表达情感、增添趣味性和使对话更加生动。用户可以选择各种表情符号和贴纸来传达自己的情感，从笑脸和爱心到动态的贴纸，以及具有特定主题的表情。

其次，消息同步。为了提供无缝的用户体验，即时通信应用通常支持消息同步功能。这意味着用户可以在多个设备上（如手机、平板电脑和计算机）同时使用应用，并且他们的消息历史记录会自动同步。这使得用户可以轻松切换设备，而不会错过任何消息。

最后，端到端加密。隐私和安全是即时通信应用的重要关注点之一。为了保护用户的消息免受窃听和侵犯，一些应用提供了端到端加密。这意味着消息在发送者的设备上加密，只有接收者的设备能够解密内容，中间任何人都无法访问消息内容。这提供了更高级别的隐私保护。

第五章　局域网与广域网

第一节　局域网的拓扑与组网技术

一、局域网拓扑结构

局域网（LAN）是一个有限范围内的网络，通常用于连接位于同一地理位置的设备，例如办公室、学校或家庭内的计算机。局域网可以采用多种拓扑结构，以满足不同需求。

（一）总线拓扑

总线拓扑是一种简单的局域网连接方式，其中所有设备都连接到一条中央电缆，形成一个线性结构。设备之间共享相同的通信媒介。通信通过广播的方式进行，任何发送的数据都会在总线上传播，但只有目标设备才会接收并处理它。

1. 特点

第一，简单易实施。总线拓扑是一种相对简单的网络结构，只需要一根中央电缆，以及连接设备如终端和集线器（Hub）。这使得它容易部署和维护，特别适用于小型局域网。

第二，延迟低。总线拓扑的数据传输路径相对较短，因此通信的延迟相对较低。设备之间可以直接通过中央电缆进行通信，不需要经过多个中间设备。

第三，廉价。建立总线拓扑的成本相对较低。除了中央电缆和连接设备外，不需要额外的复杂设备或路由器。这使得总线拓扑适用于预算有限的情况。

2. 缺点

第一，单点故障。总线拓扑的一个主要缺点是中央电缆成为单点故障。如果电缆损坏或中断，整个网络将受到严重影响，通信将中断。这种单点故障可能需要额外的备份措施。

第二，有限的扩展性。随着设备数量的增加，总线上的冲突可能会增加，从而降低网络性能。在总线拓扑中，只能有一个设备同时传输数据，因此当设备数量较多时，冲突会变得更加频繁。

第三，安全性较差。总线拓扑的一个安全性问题是数据在总线上传播，所有连接到总线的设备都能接收到传输的数据。这可能导致潜在的安全隐患，因为未经授权的设备可以监听和捕获网络流量。

3. 应用

总线拓扑通常用于以下应用场景：

第一，小型局域网。在小型办公室、家庭网络或小型实验室中，总线拓扑可以提供一种经济实惠且易于部署的网络解决方案。

第二，临时网络。在需要快速建立网络连接的临时场合，如会议、展览会或培训班上，总线拓扑也可以派上用场。

（二）星形拓扑

星形拓扑将所有设备连接到一个中央交换机或集线器。每个设备通过独立的电缆与中央设备相连。通信是通过中央设备进行的，设备之间不会直接通信。

1. 特点

第一，高可靠性。星形拓扑的一个显著优点是高可靠性。每个设备都连接到中央设备（通常是交换机或集线器），这意味着单个设备的故障不会对整个网络产生重大影响，只有直接连接到故障设备的设备会受到影响。

第二，易于管理。中央设备（交换机）通常具有管理和控制网络流量的能力。管理员可以配置交换机来管理端口、实施虚拟局域网（VLAN）等。这使得网络维护和管理更加容易。

第三，较高的性能。每个设备都具有独立的通信通道，可以实现较高的性能。这意味着设备之间的通信不会相互干扰，可以在同一时间进行多个通信。

2. 缺点

第一，单点故障。星形拓扑的一个主要缺点是中央设备本身（如交换机）成为单点故障。如果交换机发生故障，整个网络将受到严重影响。这需要考虑备用交换机或冗余配置来提高可用性。

第二，成本较高。与总线拓扑相比，星形拓扑通常需要更多的电缆和中央设备（如交换机）。这增加了部署和维护的成本，尤其是在大型网络中。

3. 应用

星形拓扑广泛应用于以下场景：

第一，中小型企业网络。中小型企业通常选择星形拓扑，因为它具有高可靠性和易于管理的优点，同时适应了相对较小的规模。

第二，家庭网络。家庭网络通常采用星形拓扑，由路由器作为中央设备，连接多个家庭设备，以便在家庭中共享互联网连接。

第三，需要高可靠性和性能的场景。在需要高可靠性、性能和网络管理的场景中，如医疗机构、学校和金融机构，星形拓扑也很常见。

（三）环形拓扑

环形拓扑将设备连接成一个环状结构，每个设备都连接到两个相邻的设备，最终形成一个封闭的环路。数据在环上流动，每个设备都可以接收并放大信号，然后将其传输给下一个设备。

1. 特点

第一，较高的可靠性。环形拓扑具有较高的可靠性，这是因为数据在环上传输，如果一条路径中断，数据可以通过另一条路径绕行。这种冗余性使得数据传输在发生故障时仍然能够继续。

第二，不易发生冲突。由于数据在环上单向传输，不容易发生数据冲突。每个设备只需要监听和发送数据，而不需要争用通信媒介。

第三，支持较大网络。环形拓扑支持较大规模的网络，可以添加新设备而不会影响整个网络性能。这使得它在一些大型部署中具有吸引力。

2. 缺点

第一，扩展性较差。尽管环形拓扑支持较大规模的网络，但随着设备数量的增加，管理和维护可能变得复杂。在添加或删除设备时，可能需要重新配置连接，这可能会引入一些复杂性。

第二，单点故障。环形拓扑的一个主要缺点是如果整个环中的某个设备发生故障，可能导致整个环形拓扑的中断。这需要采取措施来应对这种类型的单点故障，如使用冗余路径或备用设备。

第三，配置和维护复杂。与其他拓扑相比，配置和维护环形拓扑可能会更加复杂，特别是在需要添加或删除设备时。确保环形拓扑的完整性和可用性可能需要更多的管理努力。

3. 应用

环形拓扑通常用于特定的应用场景，例如，令牌环网络。令牌环网络是一种使用令牌传递的环形拓扑，通常用于要求高可靠性和容错性的应用，如工业控制系统和特定的数据中心环境。在令牌环网络中，设备只能在获得令牌后才能发送数据，这有助于管理网络中的数据流量。

（四）混合拓扑

混合拓扑将多种拓扑结构组合在一起，以满足复杂的网络需求。在混合拓扑中，我们可以同时使用星形、总线形、环形或其他拓扑结构，根据不同部分的要求选择合适的拓扑。

1. 特点

第一，灵活性。混合拓扑非常灵活，它允许网络管理员根据不同部分的需求选择最合适的拓扑结构。这种灵活性使得混合拓扑成为适应不同网络需求的理想选择。

第二，支持多种应用。混合拓扑适用于各种应用场景，可以在同一网络中满足不同部门、团队或应用程序的需求。例如，某些部分可以采用星形拓扑以提供高可靠性，而其他部分可以采用总线形拓扑以降低成本。

2. 缺点

混合拓扑可能需要更复杂的配置和管理，因为需要考虑多种拓扑结构之间的互联。

网络管理员需要确保各部分有效地协同工作，这可能需要更多的技术知识和资源。

3. 应用

混合拓扑通常用于大型企业网络或复杂的组织网络，以满足不同部门、团队或应用程序的特定需求。以下是一些混合拓扑的应用示例：

第一，企业网络。大型企业通常具有多个部门和不同的网络需求。混合拓扑可以用于将高性能的星形拓扑用于核心业务部门，而总线形拓扑用于辅助部门，以降低成本。

第二，数据中心。数据中心网络通常需要高可靠性和性能。混合拓扑可以用于将冗余路径与高性能的拓扑结构结合在一起，以确保数据中心的稳定性和可用性。

第三，教育机构。大学或学校网络可能需要同时支持教育、行政和研究部门。混合拓扑可以满足不同部门的需求，同时提供适当的网络性能。

二、局域网组网技术

局域网的组网技术包括以下方面：

（一）虚拟局域网（VLAN）技术

1. 虚拟局域网（VLAN）技术特点

首先，逻辑划分。VLAN 技术允许将一个物理局域网划分为多个逻辑局域网，每个 VLAN 都可以具有独立的网络设置、IP 地址范围和安全策略。这种逻辑划分使得不同用户、设备或部门可以在同一物理基础设施上运行彼此独立的逻辑网络。例如，一家企业可以使用 VLAN 将其管理部门的设备和员工隔离到一个独立的 VLAN 中，而不会受到其他部门的干扰。这种逻辑划分提高了网络的管理和配置灵活性，允许更好地满足组织内不同部门的需求。

其次，隔离和安全性。VLAN 技术将不同的用户、设备或部门隔离在不同的 VLAN 中，提高了网络的安全性。每个 VLAN 可以有自己的访问控制策略，限制特定 VLAN 中的设备之间的通信，从而减少了潜在的网络攻击和数据泄露风险。例如，敏感的财务部门数据可以放置在一个单独的 VLAN 中，并配置访问控制列表（ACL）来限制对这个 VLAN 的访问，确保只有授权人员能够访问这些敏感信息。

再次，灵活性。VLAN 技术提供了网络配置的极大灵活性。网络管理员可以根据组织的需求轻松地重新配置和调整逻辑网络，而无需物理重新连接设备。这种灵活性使得网络管理变得更加高效，可以快速适应变化的需求。例如，当一个新部门需要加入网络或旧部门需要调整其网络配置时，管理员可以通过简单的 VLAN 配置更改来实现，而不必重新布线或更换网络设备。

最后，广域网扩展。VLAN 技术还可用于跨越不同物理位置的广域网连接。通过在不同地理位置的设备上配置相同的 VLAN 信息，组织可以将远程办公室、分支机构或远程数据中心纳入同一逻辑网络。这种广域网扩展提供了一种成本效益高、管理简单的方式，允许远程办公室与总部之间进行高效的数据共享和通信。

2. 虚拟局域网（VLAN）技术应用

第一，企业网络。企业网络通常面临多个部门或团队之间的网络隔离和安全性需求。VLAN 技术允许企业将其物理网络划分为多个逻辑网络，每个网络用于不同的部门或项目。例如，财务部门的员工可以连接到一个专用的 VLAN，而研发部门的员工连接到另一个 VLAN。这种隔离有助于防止未经授权的访问和网络攻击。同时，网络管理员可以更轻松地管理这些逻辑网络，配置访问控制策略，并监视流量。

第二，数据中心。在大规模数据中心中，VLAN 技术是确保资源隔离和安全性的关键工具。数据中心经常托管多个客户的应用程序和服务，或者用于不同的部门和团队。每个客户、应用程序或部门可以被分配到一个独立的 VLAN 中，从而保持其资源的隔离。这种隔离有助于防止资源争用和故障的蔓延。此外，VLAN 还支持灵活的虚拟化和资源管理，允许数据中心管理员根据需要重新配置和分配 VLAN。

第三，教育机构。学校、大学和其他教育机构通常需要将不同用户群体的网络流量隔离开来。使用 VLAN 技术，教育机构可以将学生、教职员工和管理人员分配到不同的 VLAN 中，以确保网络资源的隔离和安全性。这对于确保学生和教职员工之间的网络流量不会相互干扰或泄漏至关重要。此外，VLAN 技术还支持网络资源的优化分配，以满足不同用户群体的需求。

第四，云计算和托管服务提供商。云计算和托管服务提供商为多个客户提供基础设施和服务。VLAN 技术允许这些提供商在共享的物理基础设施上实现客户资源的隔离。每个客户可以被分配到一个独立的 VLAN 中，以确保其数据和应用程序的安全性和隔离。这使得云计算和托管服务提供商能够以安全和可控的方式提供多租户服务。

（二）拓扑发现协议

1. 拓扑发现协议特点

第一，设备识别。拓扑发现协议的主要任务之一是识别网络中的设备。这包括交换机、路由器、服务器、终端设备及其他网络设备。通过自动发现和识别这些设备，网络管理员可以建立设备清单，了解网络中存在哪些设备及它们的特征。

第二，拓扑映射。拓扑发现协议帮助网络管理员绘制网络拓扑图。这些拓扑图显示了设备之间的物理或逻辑连接方式，以及它们之间的关系。网络拓扑图通常以图形化方式呈现，使管理员能够清晰地了解整个网络的结构，这对于排除故障、规划扩展和优化网络性能至关重要。

第三，跨制造商兼容。一些拓扑发现协议，如 LLDP（Link Layer Discovery Protocol），是跨制造商的开放标准。这意味着它们不依赖于特定厂家的设备，而可以在不同厂家的网络设备上使用。这种跨制造商的兼容性有助于构建多供应商环境中的网络，并确保设备之间的互操作性。

2. 拓扑发现协议应用

第一，网络监控。拓扑发现协议用于网络监控，能够实时追踪网络设备的状态和连

接情况。通过不断更新网络拓扑图，管理员可以及时了解网络中的变化。这对于检测设备故障、网络瓶颈和异常流量非常重要。例如，如果某个交换机失效或某个链路断开，拓扑发现协议能够立即反映这一情况，帮助管理员采取措施修复问题。

第二，网络规划。拓扑发现协议对于网络规划和设计也具有重要意义。当组织需要扩展网络或引入新设备时，管理员可以使用拓扑发现协议的信息来规划新设备的部署位置。这有助于避免网络拥塞，优化网络性能，确保新设备的合理部署。

第三，故障排除。当网络出现问题时，拓扑发现协议可以帮助管理员快速定位问题的根本原因。通过查看网络拓扑图，管理员可以确定故障点的位置，识别受影响的设备和连接。这有助于加速故障排除过程，减少网络停机时间，提高服务可用性。例如，如果某个服务器无法访问，拓扑发现协议可以显示与该服务器相连的交换机是否正常工作。

（三）冗余和高可用性技术

1. 冗余和高可用性技术特点

首先，冗余设备是一种关键的高可用性技术，其主要特点包括：其一，容错性。冗余设备的主要目标是提高系统的容错性。在系统中引入冗余的交换机、服务器和链路，可以在一个或多个组件发生故障时保持系统的正常运行。这意味着即使某个设备或链路发生故障，系统仍然可以继续提供服务，降低了系统宕机的风险。其二，可用性提高。冗余设备显著提高了系统的可用性。用户可以更可靠地访问网络或应用程序，因为即使在设备故障的情况下，备用设备会接管工作，减少了服务中断的可能性。其三，快速切换。冗余设备通常具备快速自动切换功能。一旦主设备或链路出现故障，备用设备会迅速接管，这有助于减少故障恢复时间，提高系统的连续性。

其次，负载均衡技术是提高性能和可用性的关键方法，其特点包括：其一，流量分配。负载均衡技术通过分配流量到多个服务器或链路来确保流量均衡分布。这有助于避免某个服务器或链路过载，提高了整个系统的性能。其二，性能提升。负载均衡可以显著提高系统的性能。通过并行处理流量，系统可以更有效地利用资源，降低延迟，提高响应速度。其三，高可用性。负载均衡还提高了系统的高可用性。如果某个服务器发生故障，负载均衡器可以自动将流量重新分配到其他健康的服务器上，从而保持系统的可用性。

再次，自动故障切换是确保系统连续性的重要机制，其特点包括：其一，无缝切换。自动故障切换机制可以实现无缝切换。当主设备或链路发生故障时，备用设备或链路会迅速接管工作，而用户几乎察觉不到中断。其二，减少人工干预。自动故障切换减少了对人工干预的依赖。系统可以自动检测和识别故障，然后采取必要的措施来切换到备用设备或链路。其三，提高连续性。故障切换机制提高了系统的连续性。即使在主设备或链路发生故障时，系统仍然可以提供服务，保持了业务的连续性。

最后，冗余和高可用性技术通常结合使用，以确保系统的稳定性和可用性。这些技术的综合应用可以帮助组织构建可靠的网络和系统，以满足业务需求并提供无缝的用户体验。

2. 冗余和高可用性技术应用

首先，数据中心是冗余和高可用性技术的典型应用场景。数据中心网络承载了大量关键业务和应用程序，因此必须保证高度的可用性和性能。在数据中心中，以下是这些技术的应用：一是，冗余服务器和存储。数据中心通常使用冗余服务器和存储设备，以防止单点故障。如果一台服务器或存储设备发生故障，业务可以无缝切换到备用设备上，确保数据的连续性和可用性。二是，负载均衡。数据中心网络使用负载均衡器来均衡流量分配到不同的服务器和资源池。这有助于提高性能，确保所有服务器都得到充分利用，并降低了网络拥塞的风险。三是，故障切换。数据中心网络还使用自动故障切换机制。如果某个网络设备或链路发生故障，系统可以自动将流量切换到备用路径，以保持服务的连续性。

其次，企业网络也广泛应用了冗余和高可用性技术，以确保内部和外部网络的连通性和可靠性。在企业网络中，以下是这些技术的应用：一是，冗余交换机和链路：企业使用冗余交换机和链路来防止网络中断。如果一台交换机或链路发生故障，数据可以流动到备用路径，从而保持网络的可用性。二是，双数据中心配置。一些大型企业配置了双数据中心，这意味着如果一个数据中心发生故障，业务可以切换到另一个数据中心，而不会中断。三是，虚拟化和云基础设施。企业越来越多地采用虚拟化和云基础设施来提高灵活性和可用性。这些技术允许快速部署新的资源，以满足不断变化的业务需求。

再次，云计算是冗余和高可用性技术广泛应用的领域之一。云服务提供商需要确保其云基础设施具有高度的可用性和弹性，以满足客户的需求。以下是在云计算中应用这些技术的方式：一是，数据冗余。云服务提供商通常在多个数据中心中复制数据，以确保数据的冗余性。这意味着即使一个数据中心发生故障，数据仍然可用。二是，自动扩展。云基础设施可以根据负载自动扩展资源。如果某个服务的需求增加，云提供商可以自动分配更多的计算和存储资源，以保持服务的性能和可用性。三是，负载均衡。云服务提供商使用负载均衡器来分配流量到多个实例或容器中。这有助于确保服务的高性能，并降低了单点故障的风险。

最后，冗余和高可用性技术在许多其他领域也有广泛的应用，包括电信、金融、医疗保健和制造业等。这些技术的应用有助于降低业务中断的风险，提高系统的连续性，确保数据的可靠性，并提供更好的用户体验。

第二节　以太网与局域网交换技术

一、以太网基本原理

以太网是最常见的局域网技术之一，它基于 CSMA/CD（载波监听多点接入 / 碰撞检测）协议。在以太网中，数据被分割成帧，并通过共享的物理介质传输。设备在传输数

据之前会先监听媒介，以确保没有碰撞发生。

（一）帧分割

在以太网中，数据被分割成称为帧（Frame）的小块。每个帧包括数据、目标MAC地址、源 MAC 地址和其他控制信息。帧的大小通常在最小帧长度和最大帧长度之间，以确保有效的数据传输。这个过程的分层如下：

首先，数据从上层传输到以太网帧时，通常会被分成合适的块。这些块称为帧，每个帧包含有关数据的信息，如数据本身、目标 MAC 地址、源 MAC 地址和校验和等。

其次，帧的数据部分通常会被封装以满足特定的以太网帧格式。这包括添加前导码（Preamble）和帧起始定界符（Start Frame Delimiter）等字段，用于同步接收端的时钟。

再次，除了数据，每个帧还包含用于控制和管理的信息，如目标 MAC 地址和源 MAC 地址。这些信息帮助交换机将帧传送到正确的目标设备。

最后，在帧的末尾，通常包含一个帧校验序列（FCS），用于检测帧在传输过程中是否发生了错误或丢失。

（二）CSMA/CD 协议

CSMA/CD（Carrier Sense Multiple Access with Collision Detection）是以太网用于多点接入的协议。它在多个设备共享同一物理媒介（如电缆或光纤）时起到协调作用。以下是 CSMA/CD 协议的工作原理：

1. 载波监听（Carrier Sense）

在数据传输之前，设备会监听物理媒介，以检测是否有其他设备正在传输数据。如果媒介上没有信号，设备认为媒介是空闲的，可以开始传输。

2. 多点接入（Multiple Access）

多个设备共享同一媒介，每个设备都可以尝试发送数据。这就是多点接入的概念。

3. 碰撞检测（Collision Detection）

如果多个设备同时开始传输数据，可能会发生碰撞，即多个帧在媒介上相互干扰。设备能够检测到这些碰撞，并在检测到碰撞时立即停止传输。

4. 退避算法

当设备检测到碰撞后，它会随机选择一个时间间隔进行等待，然后重新尝试发送数据，以减少碰撞的再次发生。

（三）MAC 地址

每个以太网设备都有一个唯一的 MAC（Media Access Control）地址，用于标识设备在局域网中的唯一性。目标 MAC 地址用于确定帧应该被传送到局域网中的哪个设备。

1.MAC 地址的组成

长度：MAC 地址通常由 48 位二进制数字组成，但在某些特殊情况下，也可以是其他长度，如 24 位。

格式：MAC 地址通常以十六进制表示，由 12 个字符（0—9 和 A—F）组成，中间用冒号（：）或连字符（—）分隔。

唯一性：每个 MAC 地址在全球范围内应该是唯一的。这是通过设备制造商的注册和管理来确保的。

2.MAC 地址的作用

唯一标识：MAC 地址用于唯一标识每个连接到网络的设备，无论是计算机、路由器、交换机还是其他网络设备。

目标设备识别：在数据帧传输过程中，源设备使用目标设备的 MAC 地址来确定数据应该被传送到哪个设备。

广播通信：广播帧的目标 MAC 地址通常被设置为特殊的值，以示区别。这使得广播消息能够传递到网络中的所有设备。

随机性：MAC 地址中的一部分位用于指示设备的制造商，而另一部分位是设备的唯一标识。这种结构使得 MAC 地址在全球范围内是唯一的。

3.MAC 地址的类型

单播地址：单播 MAC 地址用于直接将数据帧传送到网络中的一个设备。这是最常见的 MAC 地址类型。

多播地址：多播 MAC 地址用于将数据帧传送到网络中的一组设备，这组设备是事先定义的。多播地址通常以特殊的值开始，以便设备能够识别它们。

广播地址：广播 MAC 地址用于将数据帧传送到网络中的所有设备。它通常是一个全 1 的地址。

4.MAC 地址的管理和分配

OUI：MAC 地址的前 24 位被称为组织唯一标识符（Organizationally Unique Identifier，OUI），由 IEEE（Institute of Electrical and Electronics Engineers）分配给设备制造商。每个制造商都有唯一的 OUI。

本地分配地址：有些 MAC 地址是本地分配的，而不是由 IEEE 分配的。这些地址通常以一些特殊的标志开始，表示它们是本地分配的。

（四）广播特性

以太网具有广播特性，这意味着一个设备发送的帧可以被局域网中的所有其他设备接收到。这种广播特性在某些情况下非常有用，例如在寻找其他设备或进行网络发现时。

1. 广播特性的基本原理

第一，在以太网中，每个设备都有一个唯一的 MAC 地址，但也有一种特殊的 MAC 地址被称为广播地址。广播地址是一个全 1 的 MAC 地址，通常写作 FF：FF：FF：FF：FF：FF。当一个设备发送一个以广播地址为目标的数据帧时，这个数据帧将被视为广播帧。

第二，当一个设备发送一个广播帧时，该帧将被送入网络媒体，而媒体上的所有设备都将接收到这个帧。这包括网络中的所有计算机、服务器、打印机等设备。

第三，广播帧的发送通常用于向网络中的所有设备传达信息，而不是针对特定的接收者。这在某些情况下非常有用，例如在网络发现、寻找其他设备或进行广告通知时。

2. 广播特性的应用

第一，地址解析协议（ARP）用于将 IP 地址映射到 MAC 地址。当设备需要找到某个 IP 地址对应的 MAC 地址时，它会发送一个 ARP 请求的广播帧，以请求网络中的其他设备提供这个映射关系。

第二，动态主机配置协议（DHCP）用于自动分配 IP 地址。DHCP 服务器通常使用广播帧来提供 IP 地址分配服务。客户端发送一个 DHCP 广播请求，以获取可用的 IP 地址。

第三，在某些情况下，设备需要发现网络中的其他设备，例如在局域网中查找打印机或共享资源。这时，广播通常用于发送探测帧，以获取其他设备的响应。

3. 广播特性的安全性和效率

第一，广播帧的广播性质意味着它们可以被网络中的任何设备接收。这可能导致潜在的安全风险，如 ARP 欺骗攻击。因此，网络管理员通常采取措施来限制广播流量。

第二，广播帧的广播性质还可能导致网络中的冗余流量，尤其在大型网络中。为了提高效率，一些技术和协议被设计用于减少广播帧的传播范围，如虚拟局域网（VLAN）。

二、局域网交换技术

局域网交换技术是提高局域网性能的重要手段。交换机是用于连接局域网内设备的网络设备，它能够在不引起碰撞的情况下，根据 MAC 地址将数据帧从一个端口传输到另一个端口。局域网交换机具有较高的吞吐量和更低的延迟，因此成为现代局域网的核心设备。

（一）交换机功能

局域网交换机具有多项重要功能，这使其成为现代网络中不可或缺的设备之一：

首先，交换机负责在局域网内连接各种设备，如计算机、服务器、打印机等，以便它们能够相互通信和共享资源。与传统的以太网集线器不同，交换机能够智能地选择要发送数据的目标端口，从而实现了数据的有针对性传输。

其次，交换机能够根据每个设备的 MAC 地址进行数据帧的转发。每个设备都有唯一的 MAC 地址，通过这个地址，交换机可以确定数据应该被发送到局域网中的哪个设备。这种 MAC 地址的智能转发方式使得网络更加高效，减少了不必要的数据传输。

再次，交换机还能够处理广播和组播帧，确保它们只传输到与这些广播或组播相关的端口，而不是广播到整个网络。这有助于降低网络流量和提高性能。

最后，交换机具有虚拟局域网（VLAN）支持功能，允许网络管理员将局域网划分成多个虚拟局域网，从而提高了网络的隔离和管理能力。这对于企业网络和大型组织来说尤为重要。

（二）MAC 地址表

交换机维护着一个重要的数据结构，称为 MAC 地址表。这个表记录了每个与交换机连接的设备的 MAC 地址及与之关联的端口信息。当交换机接收到一个数据帧时，它会首先查找 MAC 地址表，以确定数据应该被发送到哪个端口。

如果 MAC 地址表中已经包含了目标设备的 MAC 地址，交换机将直接将数据帧转发到与该 MAC 地址关联的端口上。这是一种高效的数据传输方式，因为数据不需要广播到整个网络。

如果 MAC 地址表中没有目标设备的记录，交换机将采用广播方式，将数据帧发送到所有端口上，以寻找目标设备。同时，交换机会监听哪个端口的设备响应了这个广播帧，并将响应设备的 MAC 地址添加到 MAC 地址表中，以便以后的有针对性传输。

（三）吞吐量和延迟

局域网交换机由于其智能的数据帧处理方式，具有出色的性能指标。它能够实现高吞吐量，即单位时间内能够传输的数据量很大，这对于处理大量数据流非常重要。

另外，交换机具有较低的延迟，即数据从一个端口传输到另一个端口所需的时间非常短。这是关键的性能指标之一，特别是对于实时应用程序和语音 / 视频通信。

相比之下，传统的以太网集线器在碰撞检测和广播的情况下性能较差，容易导致网络拥塞和较高的延迟。

（四）链路聚合

链路聚合是一项重要的技术，通过将多个物理链路捆绑成一个逻辑链路，提高了网络的带宽和冗余性。这意味着多个物理链路可以一起工作，提供更高的总带宽，并在一个链路出现故障时，仍然可以通过其他链路继续传输数据。

链路聚合不仅提高了性能，还增加了网络的可用性，这对于企业网络和大型数据中心来说尤为重要。

第三节　广域网的连接与路由选择

一、广域网连接技术

广域网（WAN）连接技术涉及将不同局域网连接起来，以实现跨地域的数据传输。以下是一些广域网连接技术：

（一）专线连接

专线连接是一种通过专用线路来连接不同地点的局域网的技术。这些专用线路可以是物理的，如 T1 线路或光纤连接，也可以是虚拟的专线，通过电路交换或分组交换网络提供。专线连接通常提供高带宽和极高的可靠性，适用于需要持续大量数据传输的场景。

专线连接的特点包括：

1. 稳定性和可靠性

由于专线是专门为特定用户提供的，它们通常具有高度的稳定性和可靠性。用户不需要与其他用户共享带宽或资源，减少了网络拥塞和故障的风险。

2. 高带宽

专线连接通常提供高带宽，能够支持大规模数据传输、高清视频流和其他带宽密集型应用。

3. 隐私和安全

专线连接是私有的，不经过公共互联网，因此通常具有更高的隐私和安全性。这对于保护敏感数据和业务非常重要。

4. 适用于企业和机构

专线连接通常适用于大型企业、数据中心和机构，因为它们具备高带宽、低延迟和可靠性。

（二）虚拟专用网络（VPN）

虚拟专用网络（VPN）技术通过公共互联网在不同地点的局域网之间建立安全的加密通道，实现远程访问和数据传输。VPN 技术是一种成本效益高、灵活性强的解决方案，广泛用于远程办公、远程访问和分支机构互联等场景。

VPN 的特点包括：

1. 加密通信

VPN 使用加密协议来保护数据的隐私和安全，确保数据在传输过程中不容易被窃听或篡改。

2. 成本效益

与专线连接相比，VPN 通常成本更低，因为它利用了公共互联网基础设施。这使得小型企业和个人用户也能够轻松使用 VPN 技术。

3. 灵活性

VPN 可以根据需要进行扩展和调整，适应不同规模的网络和用户数量。用户可以选择不同类型的 VPN，如远程访问 VPN、站点到站点 VPN 或客户端到网关 VPN，以满足其特定需求。

4. 全球覆盖

由于基于公共互联网，VPN 技术可以在全球范围内使用，不受地理位置的限制。

（三）分组交换

广域网中的分组交换技术允许数据以分组的形式在不同地点的局域网之间传输。这些分组可以通过异步传输模式（ATM）或帧中继等协议进行传输。分组交换通常适用于需要高速连接的场景，如语音、视频和实时数据传输。

分组交换的特点包括：

1. 分组化传输

数据被分成小的数据包或分组，并在网络中以分组的形式传输。这种方式使得网络资源可以更加高效地被利用。

2. 高速传输

分组交换网络通常具有高速传输能力，支持大量数据同时传输。

3. 适用于实时应用

由于其高速性能和低延迟特点，分组交换技术适用于需要实时数据传输的应用，如语音通话和视频会议。

4. 多协议支持

分组交换技术通常支持多种协议，包括 IP、ATM、帧中继等，这使其具有广泛的适用性。

5. 网络拓扑灵活

分组交换技术允许各种网络拓扑，如星形、环形和网状拓扑。这种灵活性使其适用于不同的网络架构需求。

6. 宽覆盖范围

分组交换技术可以在不同地理位置的网络之间建立连接，实现全球范围的数据通信。

二、广域网路由选择算法

广域网路由选择算法用于确定数据包在广域网中的传输路径。以下是一些常见的广域网路由选择算法：

（一）静态路由

静态路由是一种网络路由选择方法，其中管理员手动配置路由表，以确定数据包的传输路径。在静态路由中，网络管理员直接指定哪些路径应该用于数据包传输。以下是静态路由的一些特点和应用：

1. 手动配置

静态路由的核心特点是手动配置。在这种模式下，网络管理员必须亲自定义路由表的每一项，明确指定目标网络的 IP 地址及该数据包应该从哪个出口接口离开网络。这种方式要求管理员了解整个网络拓扑，包括每个路由器的位置和连接方式。

2. 适用于小型网络

静态路由通常用于小型网络，其中路由器数量有限，网络拓扑相对简单。在这种情况下，手动配置路由表是可行的，因为网络变化不频繁，且网络管理员能够轻松管理和维护路由信息。

3. 路由稳定性

一旦配置完成，静态路由在路由表配置后通常非常稳定，不容易受到网络拓扑变化的影响。这有助于减少路由抖动和不稳定性，使网络维护更加可靠。

4. 安全性

由于路由路径由管理员控制，静态路由可以提供一定程度的安全性。管理员可以确保只有经过授权的人员才能更改路由信息，以防止未经授权的路由更改或网络入侵。

5. 限制和不灵活性

静态路由的主要限制在于不灵活性。当网络拓扑发生变化时，管理员需要手动更新路由表，包括添加、修改或删除路由信息。这可能会变得烦琐且容易出错，尤其在大型、复杂的网络中。

6. 应用场景

静态路由常见于小型办公室网络、家庭网络或需要特定路由路径的特殊情况。它也经常用于配置虚拟专用网络（VPN），其中管理员可以精确指定数据包的路由路径以提高网络安全性。

（二）动态路由

动态路由是一种更智能、自适应的路由选择方法，广泛应用于广域网和大型企业网络。动态路由协议允许路由器自动学习和更新路由表，以确定最佳的传输路径。以下是动态路由的一些特点和应用：

1. 自动学习和更新

动态路由协议允许路由器自动学习网络拓扑，并在网络拓扑发生变化时自动更新路由表。这消除了手动配置的需要，网络管理员只需维护协议的配置而不必为每个路由器手动指定路由路径。

2. 适用于大型网络

动态路由适用于大型、复杂的网络，其中路由器数量众多，网络拓扑经常发生变化。在这种环境下，手动配置路由将变得不切实际，而动态路由协议可以应对网络复杂性和变化性。

3. 路由决策

动态路由协议根据一系列指标和算法来选择最佳路径，例如跳数、成本、带宽、延迟等。这使得动态路由更智能，能够根据不同的网络条件和性能要求来做出路由决策。

4. 快速收敛

动态路由协议能够快速适应网络变化，实现路由表的快速收敛。当网络拓扑发生变化时，协议可以迅速通知其他路由器，并更新路由表，减少数据包的丢失和延迟。这对于保持网络的稳定性和可用性至关重要。

5. 常见的动态路由协议

有多种动态路由协议可供选择，常见的包括：

RIP（路由信息协议）：基于跳数的协议，适用于小型网络。

OSPF（开放最短路径优先）：基于链路状态的协议，适用于大型企业网络和数据中心。

EIGRP（增强内部网关路由协议）：适用于 Cisco 设备的专有协议，结合了跳数和带

宽等因素。

6. 应用场景

动态路由广泛应用于大型企业网络、数据中心网络和互联网服务提供商的网络中。它能够应对复杂的网络环境和高度动态的网络拓扑，为网络提供高可用性和性能。

（三）BGP（边界网关协议）

BGP（边界网关协议）是一种用于互联网广域网的路由选择协议，其主要功能是确定数据包在不同自治系统之间的传输路径。BGP 具有以下特点和应用：

1. 自治系统间路由

BGP 的主要任务是确定不同自治系统（AS）之间的路由。自治系统是一组路由器和网络的集合，受同一组织或管理实体的控制。BGP 用于在不同自治系统之间交换路由信息，使数据包能够跨越多个自治系统到达其目的地。因此，BGP 在互联网的核心起到了连接不同部分的关键作用。

2. 高度可扩展性

互联网是一个庞大而复杂的网络，BGP 被设计为高度可扩展的协议，可以应对互联网规模和复杂性的挑战。BGP 的设计允许它有效地处理成千上万个路由器和大量路由信息，确保互联网的可用性和性能。

3. 策略路由

BGP 允许网络管理员定义策略路由，以决定数据包的最佳路径。这种策略性的路由控制对于互联网服务提供商非常重要，因为它需要根据业务需求、合同和性能要求来配置路由。BGP 允许管理员制定复杂的路由策略，以满足不同的业务需求。

4. 路由策略和安全

BGP 涉及路由策略和安全性，包括路由过滤和路由验证。路由过滤用于控制哪些路由信息可以传播到其他自治系统，以确保网络的安全性和稳定性。路由验证用于验证接收到的路由信息的真实性，以防止恶意路由攻击和错误配置引起的问题。

5. 应用场景

BGP 主要用于互联网核心路由器和大型互联网服务提供商的网络中。它确保了全球互联网的可用性和稳定性，使不同的自治系统能够协同工作，将数据包从源传送到目的地。BGP 还在企业网络中使用，特别是在跨多个地理位置的分支机构之间进行路由选择。

第四节　光纤通信与无线网络

一、光纤通信技术

光纤通信技术是一种先进的通信方式，它利用光纤作为传输介质，通过光的传播来传输数据信号。

（一）高带宽

首先，高带宽是指光纤通信系统能够传输大量数据的能力，通常以每秒传输的数据量来衡量。光纤通信之所以具有高带宽，是因为它充分利用了光信号的特性，实现了卓越的数据传输性能。

其次，光纤通信的高带宽是由于光信号的频率范围非常广泛。光信号是由光波构成的，而光波的频率范围远远超出了人类感知的范围。因此，光信号可以在非常高的频率范围内进行调制，从而传输大量的数据。这种广泛的频率范围意味着光纤通信可以同时传输多个数据流，每个数据流都可以具有高带宽。

最后，光纤通信的高带宽不仅满足了现有应用的需求，还为未来的高带宽应用提供了支持。随着数字化、虚拟现实、物联网和 5G 等新兴技术的发展，人们对高带宽通信的需求将进一步增加。因此，光纤通信作为一种高带宽传输媒介，将继续在各个领域发挥重要作用，推动信息社会的发展。

（二）低信号衰减

首先，在光纤通信中，信号衰减得非常低，这是光纤作为传输介质的一项重要优势。信号衰减是指信号强度随着传输距离的增加而减小的现象。光纤通信之所以能够实现低信号衰减，主要有以下几个原因：一是，光的特性。光信号是通过光波传输的，而光波的频率范围非常广泛。相比之下，电信号是通过电流传输的，容易受到电阻和电导率等因素的影响，从而导致信号衰减。光信号的高频率特性使得它可以在光纤中传播而不受到明显的能量损失。二是，全内反射，光纤的核心由高折射率材料包围，而包层由低折射率材料制成。这种折射率差异导致了光信号在核心和包层之间发生全内反射。这种全内反射现象使得光信号几乎完全保持在光纤核心中，减小了能量损失。三是，光纤制造质量，现代光纤制造技术非常精密，能够生产高质量的光纤。这些光纤具有均匀的光学特性，减少了信号在传输过程中的散射和衰减。

其次，低信号衰减是光纤通信的一项关键优势，这对于长距离通信尤为重要。以下是一些低信号衰减的重要影响和应用：一是，长距离通信。由于信号衰减低，光纤通信可以实现长距离通信，而无需频繁的信号补偿或放大。这使得光纤在跨越数百甚至数千米的光纤链路中表现出色。二是，光纤到户（FTTH）。低信号衰减使得光纤可以轻松地延伸到用户的家庭或企业。FTTH 技术已广泛用于提供高速宽带互联网服务，其低信号衰减确保了高速数据的稳定传输。三是，长波长通信。光纤通信可以利用长波长光信号来实现更远距离的通信。这在海底光缆和卫星通信等领域非常重要。

再次，低信号衰减不仅减少了信号传输中的能量损失，还提高了信号的质量和可靠性。这对于各种应用，包括互联网、电话、电视广播和数据中心互连等，都至关重要。低信号衰减确保了光纤通信系统可以在不同的环境条件下稳定运行，并满足不同应用的需求。

最后，光纤通信的低信号衰减特性不仅在通信领域有重要应用，还在科研、医疗、军事和工业等领域发挥着关键作用。它为各种创新和发展提供了坚实的基础，推动了现代社会的不断进步。

（三）抗电磁干扰

首先，光纤通信的抗电磁干扰特性源于光信号的物理传输方式。与传统的铜缆通信不同，光纤通信是通过光波的传输来实现数据传输的，因此不涉及电流的流动，也不会受到电磁场的干扰。

其次，光纤通信的抗电磁干扰特性不仅体现在其不受干扰上，还在于其对外部环境不产生电磁干扰方面具有优势。铜缆通信通常会在传输电流时产生电磁辐射，可能干扰周围的电子设备，这在高频率通信中尤为明显。光纤通信不涉及电流传输，因此不会产生电磁辐射，对周围设备的干扰更小，有助于维护电子设备的性能和稳定性。

再次，抗电磁干扰是光纤通信在特殊环境下应用的一个关键优势。在一些工业环境中，存在大量的电磁干扰源，如电焊设备、强电磁场等，这些干扰源对通信线路可能造成严重影响。光纤通信的抗电磁干扰特性使其在这些环境中表现出色，确保了数据传输的可靠性。

最后，抗电磁干扰也在数据安全方面具有重要意义。由于光信号不会外泄，光纤通信在数据传输过程中更难被窃听或监听。这在金融、医疗和政府等领域的敏感数据传输中尤为重要，有助于维护数据的机密性和完整性。因此，光纤通信的抗电磁干扰特性为各种关键应用提供了额外的安全性保障。

（四）应用领域

1. 互联网骨干网络

第一，数据传输速度。光纤通信技术以其卓越的带宽能力成为互联网骨干网络的支柱。这种高带宽使得互联网服务提供商（ISP）和网络运营商能够在互联网骨干网络中传输大量的数据，包括文本、图像、音频和视频。由于日益增长的互联网流量需求，光纤通信技术能够以高效的方式处理这些数据，确保用户获得快速、无缝的网络连接。

第二，全球覆盖。光纤骨干网络的全球覆盖使不同地区和国家之间的网络流量传输得以实现。光纤缆线跨越国际边界，将不同地区的互联网连接起来。这意味着用户可以通过互联网骨干网络访问来自世界各地的资源，包括网站、应用程序和服务。这种全球性的连接使得互联网成为一个无边界的网络，促进了信息和文化的全球交流。

2. 电视有线传输

第一，高清和超高清电视频道。光纤通信在电视有线传输中发挥了关键作用，尤其是在提供高清（HD）和超高清（UHD）电视频道方面。有线电视运营商利用光纤的高带宽传输能力，通过光纤网络将高质量的电视频道传送到用户的电视屏幕上。这种高带宽的特性允许用户同时观看多个高清频道，而不会出现信号质量下降或拥塞的情况。用户可以享受到更清晰、更生动的电视娱乐体验，包括高清电影、体育比赛和电视剧等。

第二，视频点播服务。除了传统的电视频道，光纤通信还支持视频点播服务，为用户提供了更大的自由度和便利性。用户可以随时随地通过电视或互联网访问视频点播内

容，包括电影、电视剧、纪录片和其他娱乐节目。这种服务的实现依赖于光纤通信的高速传输能力，确保用户能够即时流畅地观看他们选择的内容。视频点播服务的普及使得电视娱乐更加个性化和多样化，用户可以根据自己的时间表和兴趣来选择观看内容，而不受传统电视节目时间表的限制。

3. 电话系统

第一，高质量通话。光纤通信在传统电话系统中发挥了重要作用，特别是在提供高质量通话方面。通过使用光纤传输声音信号，电话系统可以实现出色的通话质量。光纤的低信号衰减、高带宽和低延迟等特点有助于传输声音信号，使通话变得清晰、稳定且免于干扰。这意味着用户可以在电话通话中享受高保真的声音质量，减少了声音失真、回音和中断等问题。对于企业通信、客户服务热线及重要电话会议而言，高质量通话是至关重要的。

第二，VoIP（Voice over IP）。除了传统电话系统，光纤通信也广泛支持 VoIP 技术，即 Voice over IP，它允许通过互联网传输语音通话。VoIP 已经成为一种流行的通信方式，它将声音数字化并分组传输，利用了光纤通信的高带宽和低延迟特性。这使得用户能够通过计算机、智能手机或专用 VoIP 电话进行便捷的互联网电话通话。VoIP 还提供了更多的通信功能，如视频通话、即时消息和文件共享，这使得通信更加多样化和具有交互性。

4. 医疗设备

第一，医疗图像传输。在医疗领域，光纤通信广泛用于传输医疗图像，包括 X 射线、CT 扫描、MRI（磁共振成像）等高分辨率的医学图像。这些医学图像对于精确的疾病诊断和治疗规划至关重要。光纤通信的高带宽和低信号衰减确保了这些图像可以以高质量和高速度进行传输。医生和专业医疗团队可以通过光纤传输的医疗图像进行远程诊断，甚至在不同地点进行协作。这为临床决策提供了及时支持，减少了患者的等待时间，提高了医疗服务的质量。

第二，远程医疗。光纤通信在医疗设备和仪器之间的数据传输及远程监控中发挥了关键作用。现代医疗设备通常配备有传感器和监测系统，这些系统通过光纤传输数据，允许医疗专业人员远程监控患者的生命体征和病情。这对于实现远程医疗和远程手术至关重要。例如，一位专家医生可以通过互联网连接到患者所在地医疗设施，进行远程手术或提供紧急医疗咨询。光纤通信的高带宽、低延迟和稳定性确保了数据的及时传输和准确性，这对于患者的健康和生命至关重要。

5. 光纤到户（FTTH）

FTTH 技术的最显著优点之一是它提供了卓越的高速宽带互联网服务。光纤通信具有极高的带宽能力，可以支持大量的数据传输。这意味着用户可以以极快的速度下载和上传数据，无缝观看高清视频流，畅玩在线游戏，进行高质量的视频会议等。光纤到户不仅改善了家庭的网络体验，还使各种互联网应用更加顺畅，为用户提供了更多的娱乐和工作选择。

另一个重要的方面是光纤到户技术的稳定性和可靠性。与传统的 DSL（数字用户线）或有线电缆网络相比，光纤通信几乎不受信号干扰和信号衰减的影响。这使得光纤到户网络在不同环境下都能提供一致的高质量网络连接。在需要多个设备同时连接到网络的家庭环境中，光纤到户的稳定性尤为重要。用户可以期待无缝的网络连接，而无须担心网络延迟或连接中断。

二、无线网络技术

无线网络技术是一组允许设备通过无线信号进行通信的技术，它提供了便捷的无线连接方式，适用于各种不同的场景。

（一）Wi-Fi（**无线局域网**）

Wi-Fi 技术是一种广泛应用的无线网络技术，它允许设备通过无线信号连接到局域网络（LAN）或互联网。Wi-Fi 通常在家庭、办公室、公共场所、酒店、咖啡馆等地使用，提供了高速的无线互联网连接。其主要特点包括：

1. 高速数据传输

Wi-Fi 网络的一个显著特点是其高速数据传输能力。这意味着 Wi-Fi 网络可以提供快速而可靠的数据传输，使其适用于各种高带宽需求的应用。

（1）支持高清视频流

Wi-Fi 网络能够轻松传输高清视频流，无论是通过在线视频平台观看电影、电视节目，还是通过视频会议工具进行远程会议。高速数据传输确保了视频内容的高质量播放，减少了视频缓冲时间和画面失真。

（2）在线游戏体验

对于在线游戏爱好者来说，低延迟和高速数据传输是至关重要的。Wi-Fi 网络可以提供低延迟连接，确保游戏中的动作实时响应，从而提升了游戏体验。这对于多人在线游戏和电子竞技尤其重要。

（3）大规模文件传输

无论是在家庭还是办公环境中，Wi-Fi 网络的高速数据传输使得大规模文件的传输变得更加便捷。用户可以轻松地分享大文件、备份数据或进行云存储操作，而无须长时间等待文件传输完成。

2. 灵活性

Wi-Fi 网络的灵活性是其另一个重要特点。这种灵活性使用户能够在覆盖范围内自由移动，而无须与固定的网络连接点相连。

（1）移动性

Wi-Fi 网络允许用户在覆盖范围内自由移动。这意味着用户可以在家庭、办公室、酒店、机场等地无缝切换到可用的 Wi-Fi 接入点，而无须断开连接。这种移动性使得用户能够保持网络连接，不会因位置变化而中断。

（2）多设备连接

Wi-Fi 网络支持多设备同时连接。这意味着家庭用户可以在多个设备上同时进行网络活动，例如，一家人可以同时观看不同的流媒体内容，或者多个设备可以共享打印机和文件共享服务。

（3）覆盖范围扩展

对于大型建筑或庭院，用户可以使用 Wi-Fi 信号扩展器或 Mesh Wi-Fi 系统来扩展网络覆盖范围。这使得即使在大范围内也可以获得稳定的 Wi-Fi 连接。

3. 安全性

Wi-Fi 网络通常采用一系列安全性措施，以保护通信的隐私和数据安全。

（1）加密

Wi-Fi 网络使用加密协议来保护数据传输的隐私。常见的 Wi-Fi 加密协议包括 WPA2（Wi-Fi Protected Access 2）和 WPA3，这些协议确保数据在传输过程中被加密，不容易被窃取或监听。

（2）身份验证

Wi-Fi 网络通常要求用户进行身份验证，以确保只有授权用户可以访问网络。这可以通过预共享密钥（PSK）或企业级身份验证进行，具体取决于网络设置。

（3）防火墙和安全设置

用户可以通过设置防火墙和其他安全措施来进一步增强 Wi-Fi 网络的安全性。这些设置可以帮助阻止未经授权的访问和网络攻击。

（二）蓝牙（Bluetooth）

蓝牙技术是一种用于短距离无线通信的技术，它广泛用于连接个人设备，如蓝牙耳机、键盘、鼠标、智能手机等。蓝牙技术的特点包括：

1. 短距离通信

（1）通信范围限制

蓝牙通信适用于相对较短的通信距离，通常不超过几米。这使其成为一种理想的局域通信技术，适用于近距离设备连接，如智能手机和耳机之间的通信、电脑与无线鼠标之间的连接等。

（2）近场通信

蓝牙技术常用于近场通信（NFC）应用中，例如，将智能手机靠近 NFC 标签以进行支付或配对其他设备。

（3）个人域网

蓝牙还可用于建立个人域网（PAN），在 PAN 中的设备可以互相通信和共享资源。这在个人和家庭环境中很有用，例如，将智能手机、平板电脑、打印机和音响系统连接到一个网络中。

2. 低功耗

（1）适用于电池供电的设备

蓝牙技术通常具有低功耗特性，这对于依赖电池供电的设备至关重要。这意味着蓝牙可以用于智能手表、智能健康设备、无线键盘和鼠标等设备，而不会显著消耗电池电量。

（2）蓝牙低功耗（Bluetooth Low Energy，BLE）

BLE 是蓝牙技术的一种变种，专门设计用于低功耗设备。它在物联网（IoT）领域得到广泛应用，连接各种传感器、健康监测设备和智能家居设备。

3. 广泛的应用

（1）智能设备连接

蓝牙技术在智能设备之间的连接中得到广泛应用。例如，将智能手机与蓝牙耳机或音响系统配对，用户可以无线播放音乐或接听电话。

（2）健康和健身设备

许多健康和健身设备，如心率监测器、智能手表和体重秤，使用蓝牙技术将数据传输到手机或电脑应用程序中，以便用户进行监测和分析。

（3）汽车科技

蓝牙技术在汽车科技中扮演着关键角色。它允许驾驶员将手机与车载系统连接，用于免提通话、音乐播放和导航指示。

（4）智能家居

在智能家居系统中，蓝牙技术用于连接各种智能设备，如智能灯具、智能插座和智能家电，用户能够通过手机或语音助手控制和自动化家居设备。

（三）移动通信

移动通信技术涵盖了多种移动通信标准，包括 2G、3G、4G 和 5G 等。这些技术允许移动设备（如智能手机和平板电脑）通过无线信号连接到移动运营商的网络，实现语音通话和数据传输。其特点包括：

1. 高速数据传输

（1）4G 和 5G 技术

4G（第四代）和 5G（第五代）移动通信技术提供了高速的移动互联网连接。4G 技术实现了更快的下载和上传速度，适用于流媒体、在线游戏、高清视频通话和云服务等高带宽需求的应用。5G 技术则进一步提高了带宽和降低了延迟，支持了更多的实时应用，如增强现实（AR）和虚拟现实（VR）。

（2）数据密集应用

移动通信技术的高速数据传输能力对于现代移动应用至关重要。用户可以通过移动网络流畅地观看高清视频、下载大型文件、使用云存储和访问实时地图导航等功能。

2. 广泛的覆盖

（1）全球网络覆盖

移动通信网络覆盖范围广泛，用户能够在几乎任何地方获得网络连接。这种全球性的覆盖使得人们在城市、农村和偏远地区都能够享受到移动通信服务。

（2）漫游性

移动通信网络的漫游性允许用户在国际保持连接，无须更换 SIM 卡。这对于国际旅行者和国际商务非常重要。

3. 新兴技术

（1)5G 技术

5G 技术作为新兴移动通信标准，带来了更高的带宽、更低的延迟和更多的连接性。它将推动物联网（IoT）的发展，支持大规模设备之间的通信和协作。5G 还为未来智能城市提供了支持，使城市基础设施更加智能化和高效化。

（2）边缘计算

移动通信技术的发展促进了边缘计算的兴起。边缘计算允许在移动设备附近的边缘节点上进行数据处理和决策，从而降低了延迟，并支持实时应用，如自动驾驶汽车和工业自动化。

（四）物联网（IoT）

无线网络技术在物联网中发挥着关键作用，连接各种智能设备，如智能家居设备、传感器、智能城市设备等。这些设备通过无线通信与互联网相连，实现了自动化和远程控制。其特点包括：

1. 大规模连接

（1）海量设备连接

物联网涉及大规模连接数以亿计的设备，包括传感器、嵌入式系统、智能家居设备、工业机器人等。这些设备能够实时交换信息，实现协同工作，以满足各种需求，从智能城市到工业自动化。

（2）多样性的设备

物联网中的设备类型多种多样，包括低功耗传感器、高性能计算机、移动设备等。这些设备的连接需要适应不同的通信需求和硬件要求。

2. 低功耗通信

（1）电池供电

许多物联网设备是由电池供电的，因此需要低功耗的通信技术，以延长电池寿命。低功耗广域网（LPWAN）技术如 LoRaWAN 和 NB-IoT 已经应用于物联网设备，以提供长距离通信和低功耗。

（2）能量有效性

物联网通信需要在数据传输和设备休眠之间实现平衡，以最大程度地减少能量消耗。

这涉及优化通信协议、数据压缩和休眠模式的设计。

3. 采集和传输

（1）传感器数据

物联网设备通过无线网络收集各种传感器数据，包括温度、湿度、光线、压力、位置等。这些数据用于监测、分析和控制各种应用，如智能家居、农业监测和工业生产。

（2）云端分析

采集的数据通常被传输到云端服务器进行分析和存储。云端分析可以提供实时洞察和决策支持，使物联网应用更加智能化和高效化。

（五）无线网络安全

由于无线信号容易受到干扰和窃听，无线网络技术也涉及安全性和加密措施的实施，以保护通信的隐私和完整性。安全性在 Wi-Fi 网络、蓝牙连接和移动通信中都至关重要，以防止未经授权的访问和数据泄露。

1.Wi-Fi 网络安全

（1）加密协议

Wi-Fi 网络通常使用加密协议来保护数据的隐私。最常见的是 WPA3（Wi-Fi Protected Access 3）协议，它提供了更强的加密保护，难以破解。早期的 WEP（Wired Equivalent Privacy）和 WPA（Wi-Fi Protected Access）协议已经被证明存在漏洞，因此不再安全。

（2）访问控制

Wi-Fi 网络管理员可以通过 MAC 地址过滤和访问控制列表（ACL）等措施，限制哪些设备可以连接到网络。这可以防止未经授权的设备访问网络。

（3）强密码

使用强密码是保护 Wi-Fi 网络的重要步骤。复杂的密码可以增加破解的难度。此外，定期更改密码也是一种良好的安全实践。

2. 蓝牙连接安全

（1）蓝牙配对

蓝牙设备通常需要进行安全的配对过程，以确保通信的安全性。这通常涉及设备之间的 PIN 码验证或使用其他身份验证方法。

（2）蓝牙版本

较新版本的蓝牙通常具有更强的安全性。因此，使用较新的蓝牙标准可以提高连接的安全性。

3. 移动通信安全

（1）加密通信

移动通信网络使用加密技术来保护数据在传输过程中的隐私。这包括对语音通话、短信和数据传输的加密。

（2）SIM 卡安全

移动设备的 SIM 卡包含了用户的身份信息。因此，保护 SIM 卡的安全至关重要，以防止未经授权的访问。

（3）远程锁定和擦除

对于失窃或丢失的移动设备，远程锁定和擦除功能可以帮助保护存储在设备上的敏感信息。

第六章　网络管理与性能优化

第一节　网络管理的概念与任务

网络管理是现代计算机网络中不可或缺的一部分，它旨在确保网络的高效运行、可靠性和安全性。网络管理涉及计划、组织、协调和控制网络资源的各个方面，以满足用户需求、优化性能并保障数据的安全。

一、性能监测和优化

（一）性能监测

1. 带宽利用率监测

网络管理人员需要监测网络的带宽利用率，以确保网络不会超负荷运行。带宽监测工具可以实时跟踪网络流量，识别哪些应用程序或服务占用了大量带宽，帮助管理人员做出适当的调整。

2. 延迟和响应时间监测

延迟是网络性能的关键指标之一，特别是对于实时应用程序如视频会议和在线游戏而言。网络管理人员需要监测延迟，并确保它在可接受范围内。响应时间监测涉及测量网络设备对请求的响应速度，以确保及时的数据传输。

3. 丢包率监测

丢包率是指在数据传输过程中丢失的数据包的百分比。高丢包率可能会导致数据重传和性能下降。网络管理人员需要监测丢包率，迅速发现并解决导致数据包丢失的问题。

4. 吞吐量监测

吞吐量指的是网络在一定时间内能够传输的数据量。网络管理人员需要监测网络的吞吐量，以确保它能够满足用户的需求。在高流量负载时，吞吐量监测可以帮助管理人员确定是否需要升级网络带宽。

5. 数据流量分析

除了监测基本性能指标，网络管理人员还需要进行数据流量分析，以深入了解网络中的应用程序和服务。这可以帮助他们识别网络瓶颈、优化流量和实施策略，以提高性能。

（二）性能优化

1. 带宽管理和优化

带宽管理是性能优化的核心部分。网络管理人员可以采取一系列措施来管理和优化

带宽的使用。这包括：

流量控制：通过设置带宽限制、优先级和流量整形，确保关键应用程序获得足够的带宽。

负载均衡：将流量均匀分布到多个网络路径或服务器上，以防止某一路径或服务器过载。

缓存技术：使用缓存服务器或内容分发网络（CDN）来减少带宽使用，提高数据访问速度。

2. 网络拓扑结构优化

网络拓扑结构的优化对于提高网络性能至关重要。网络管理人员可以采取以下措施来优化网络拓扑结构：

选择最佳的路由路径，减少数据包传输的跳数和延迟。

减少冗余：识别和消除网络中的冗余设备、链路或服务。

容错性设计：采用冗余路径和设备，以防止单点故障引发的网络中断。

3. 协议和算法优化

协议和数据传输算法的选择可以对性能产生重大影响。网络管理人员可以进行以下优化：

选择适当的网络协议，以满足不同应用程序的需求。

调整 TCP/IP 参数，以减少拥塞窗口大小和最大传输单元（MTU），提高数据传输效率。

使用压缩技术来减小数据包大小，降低传输延迟。

4. 硬件升级

硬件升级是性能优化的一部分。网络管理人员可能需要升级网络设备，以支持更高的带宽和性能要求。这可能包括：

替换旧的路由器和交换机，以支持更快速的数据传输。

添加更多的内存和处理能力，以处理大量数据流量和连接。

使用更快速的存储设备来提高数据访问速度。

5. 安全性能平衡

性能优化还必须与网络安全性平衡。增强安全性可能涉及加密、身份验证和访问控制，这可能对性能产生一定的影响。网络管理人员需要仔细考虑如何在安全性和性能之间找到平衡点，以确保网络既安全又高效。

二、配置管理

（一）网络设备配置

1. 配置最佳实践

网络管理人员在配置网络设备时，必须遵循最佳实践，以确保设备的安全性和性能。这包括：

合理的IP地址分配和子网掩码设置，以支持设备之间的通信，并提供足够的地址空间。

配置路由表，确保数据可以在网络中正确路由。

建立访问控制列表（ACL）和防火墙规则，以控制访问和保护网络资源。

2. 设备配置备份

网络管理人员应定期备份网络设备的配置。这些备份文件是恢复设备配置的关键工具，特别是在配置更改引发问题或设备故障时。备份文件的存储和管理至关重要。

3. 安全性配置

网络设备的安全性配置对于保护网络免受恶意攻击至关重要。这包括：

禁用不必要的服务和端口，以减少攻击面。

启用强密码策略，确保设备的访问受到充分保护。

更新设备的默认凭据，以防止潜在的未授权访问。

（二）配置跟踪和版本控制

1. 配置版本控制

网络管理人员应使用版本控制系统来管理设备配置的历史记录。这有助于跟踪配置更改，并允许在需要时回滚到以前的配置状态。版本控制还有助于协作和团队合作，以避免冲突和配置错误。

2. 配置审计

配置审计是一项重要任务，用于识别潜在的配置错误或不当行为。审计工具可以检查配置文件，寻找安全漏洞或不合规的设置，并生成报告，以指导管理人员采取纠正措施。

3. 自动化配置管理

自动化工具和脚本可以显著简化配置管理过程。网络管理人员可以编写脚本来批量配置设备，确保配置的一致性和准确性。自动化还可以加速新设备的部署，提高效率，并减少配置错误的风险。

（三）自动化和脚本

1. 自动化工具

自动化工具如Ansible、Puppet和Chef等可以帮助网络管理人员自动执行配置任务。这些工具提供了模板化的配置方式，使得配置的管理更加方便和可控。

2. 脚本编写

脚本编写是一项强大的技能，可以用于自定义配置任务。网络管理人员可以编写脚本来自动化常见的配置操作，例如批量添加用户、配置网络策略或执行定期备份。

3. 持续集成 / 持续交付（CI/CD）

CI/CD流水线可以用于自动化设备配置的测试和部署。这种自动化方式确保了配置的准确性，同时加速了新功能的部署和配置的持续更新。

通过配置管理的严格实施，网络管理人员可以确保网络设备的一致性、可用性和安

全性。配置管理的自动化和版本控制方面的进展使网络管理变得更加高效和可维护，有助于降低配置错误的风险，提高网络的可靠性和安全性。

三、日志和审计

（一）日志记录

1. 设备日志记录

设备日志记录是网络管理的基础，它包括对网络设备和服务器产生的事件和信息进行持续记录。这些日志包含了设备状态、错误、警报、配置更改和性能指标等重要信息。具体而言，设备日志可以包括以下内容：

（1）系统日志（Syslog）

系统日志是操作系统和网络设备生成的日志，包含了设备的基本状态信息、错误消息和系统事件记录。它们有助于监控设备的健康状况和即时问题诊断。

（2）应用程序日志

应用程序日志记录了与特定应用程序相关的事件和活动。例如，Web 服务器可能会记录访问日志，数据库服务器会记录数据库查询和错误。

（3）安全日志

安全日志记录了与安全事件和威胁相关的信息。这包括入侵检测系统（IDS）和入侵防御系统（IPS）生成的事件，以及防火墙和身份验证服务器的登录尝试记录。

2. 流量日志

流量日志记录了网络上的数据流量信息，包括数据包的来源、目的地、协议、端口和时间戳等。这些日志对于监控网络流量、分析网络活动和识别异常流量非常重要。流量日志有助于网络管理人员识别潜在的网络问题、流量峰值和异常流量模式。

3. 性能日志

性能日志用于记录网络设备的性能指标，如带宽利用率、延迟、丢包率和吞吐量等。这些指标对于网络性能监控和优化至关重要。性能日志可以帮助管理人员识别网络瓶颈、定位性能问题和规划网络容量。

（二）审计和合规性

1. 审计策略

审计是确保网络合规性和安全性的关键步骤。网络管理人员需要定义和实施审计策略，以跟踪网络配置、访问控制和安全策略的变化。审计策略应包括以下方面：

审计对象：确定需要进行审计的网络设备、系统和应用程序。

审计频率：确定审计的时间表和频率，以确保及时发现问题。

审计日志：确定要记录的审计事件和信息，以支持合规性和安全审计。

审计报告：创建和定期生成审计报告，以总结审计结果和问题识别。

2. 合规性要求

网络管理人员必须了解适用于其组织的法规和合规性要求，以确保网络配置和操作符合法规。例如，金融行业可能需要遵循 PCI DSS（Payment Card Industry Data Security Standard）要求，而医疗保健行业可能需要符合 HIPAA（Health Insurance Portability and Accountability Act）规定。审计的一部分是验证网络是否满足这些要求。

3. 安全审计

安全审计旨在识别潜在的安全威胁和不当行为。网络管理人员需要监控安全事件日志，分析入侵检测系统的事件，以及审查用户登录和权限变更。安全审计还可以用于识别未经授权的访问尝试、异常行为和恶意活动。

（三）日志分析

1. 日志分析工具

日志分析工具是网络管理人员的重要资源，用于处理大量的日志数据并提供有关网络活动的有价值信息。这些工具可以自动识别异常行为、入侵尝试、性能问题和安全事件。常见的日志分析工具包括 ELK Stack（Elasticsearch、Logstash 和 Kibana）、Splunk 和 SIEM（安全信息与事件管理）系统。

2. 自动化日志分析

自动化日志分析是日志管理的新趋势，它使用机器学习和人工智能技术来自动识别和响应异常事件。这种方法可以更快速地发现和应对异常情况，从而提高网络的安全性和可用性。

（1）机器学习算法

自动化日志分析工具使用机器学习算法来识别日志中的模式和异常。这些算法可以分析大量的日志数据，检测到异常事件，并生成警报，以通知管理人员采取必要的措施。

（2）实时监控

自动化日志分析工具通常能够进行实时监控，及时检测到异常事件并触发响应。这对于应对迅速发展的网络威胁非常重要，可以减少潜在的损害。

（3）自动化响应

一些自动化日志分析工具还具备自动化响应能力，可以根据检测到的异常事件自动采取行动，如阻止恶意流量、隔离受感染的设备或重置受影响的账户密码。

（4）可视化和报告

自动化日志分析工具通常提供用户友好的可视化界面，用于展示分析结果、生成报告和提供实时监控仪表板。这使管理人员能够更容易地理解网络活动和问题，以便及时采取措施。

四、更新和升级

（一）固件和软件升级

1. 升级的重要性

网络设备和系统的固件和软件是其运行和安全的基础，因此保持其更新至关重要。升级的主要目标包括：第一，安全性提升。升级固件和软件可以填补已知的安全漏洞，增加网络的防护能力，防止潜在的威胁。第二，性能优化。新版本通常包含性能改进和优化，可以提高设备和系统的响应速度和效率。第三，新功能引入。升级可以引入新功能和增强现有功能，从而提高网络的功能性。第四，兼容性保证。确保网络设备和系统与最新的标准和协议保持兼容，以防止技术陈旧。

2. 测试和兼容性

在进行升级之前，网络管理人员通常会在实验环境中测试新版本的固件和软件。这个过程包括以下关键步骤：第一，兼容性测试。验证新版本是否与现有网络设备和应用程序兼容。这可以避免潜在的冲突和不稳定性。第二，性能测试。测试新版本的性能，以确保它不会引入性能问题或瓶颈。第三，安全性评估：评估新版本的安全性，检查是否存在新的安全漏洞或威胁。

3. 升级计划

升级计划的制订对于有效管理固件和软件升级至关重要。这包括：第一，升级时间表。确定何时执行升级，以避免对网络正常运行造成不必要的干扰。通常在低流量时段或非业务关键时间执行升级。第二，备份策略。在升级之前，进行设备配置和数据的备份，以防止升级过程中发生问题。第三，回滚计划。确保在升级后出现问题时能够迅速回滚到先前的稳定版本。

（二）安全补丁管理

1. 安全补丁的重要性

安全补丁是为了修复已知的漏洞和安全问题而发布的更新。网络管理人员需要有效地管理安全补丁的安装，以减少网络面临的潜在风险。

2. 监视和策略

网络管理人员应该：第一，检视安全补丁。持续关注供应商和安全机构发布的安全补丁。这包括操作系统、应用程序和网络设备的安全补丁。第二，评估和分类。评估每个安全补丁的重要性和适用性。某些漏洞可能对网络的威胁更大，需要更紧急地进行修复。第三，制定安装策略。制定安全补丁的安装策略，包括何时安装、哪些系统需要安装及如何进行测试。

3. 安全补丁部署

安全补丁的部署是关键步骤，需要谨慎执行。具体包括：第一，测试环境。在生产环境之前，在一个模拟的测试环境中测试安全补丁，以确保其不会引入新的问题或不稳定性。第二，计划升级。制订升级计划，包括通知相关团队、选择适当的时间和确保备份的完备性。第三，监控和验证。在安全补丁部署后，监控网络的运行状况，确保安全漏洞得到修复。

五、成本控制

网络管理人员还需要寻找降低网络运营成本的机会。这包括谨慎选择供应商、优化许可证成本、合理使用云服务和实施节能措施等。

（一）供应商选择和谈判

网络管理人员需要谨慎选择供应商，并进行有效谈判，以获得最佳的价格和服务。以下是供应商选择和谈判的关键方面：

1. 供应商评估

供应商评估是在选择合适的供应商之前的关键步骤。网络管理人员需要综合考虑多个因素，以确保选择的供应商能够满足组织的需求并提供稳定的服务质量。

（1）信誉评估

供应商的信誉是一个关键指标，反映了其在市场上的声誉和可信度。网络管理人员应该考虑以下因素进而评估供应商的信誉：第一，历史记录。查看供应商的历史记录，包括其在行业中的存在时间及过去的合作经验。有一个长期存在并积极贡献于行业的供应商可能更可靠。第二，客户反馈。寻找其他客户的反馈和评价。了解其他组织的体验可以帮助确定供应商的表现。第三，证书和认证。检查供应商是否具有相关的行业认证和资质。这些认证可以证明供应商满足特定标准和要求。

（2）性能评估

供应商的性能直接关系到其提供的服务质量。网络管理人员应该考虑以下因素进而评估供应商的性能：第一，服务等级协议（SLA）。查看供应商提供的 SLA，了解其对于服务可用性、响应时间和问题解决时间的承诺。第二，网络可用性。评估供应商的网络可用性记录。网络管理人员需要确保供应商的网络基础设施稳定，以防止服务中断。第三，性能历史。考察供应商过去的性能记录，包括服务中断、延迟和故障处理的效率。

（3）技术支持评估

供应商提供的技术支持对于解决问题和维护网络的关键性能很重要。网络管理人员应该考虑以下因素进而评估供应商的技术支持：第一，支持响应时间。了解供应商的支持团队的工作时间和响应时间。快速响应问题对于网络的稳定性至关重要。第二，支持渠道。确定供应商提供哪些支持渠道，如电话支持、在线支持和电子邮件支持。不同的渠道可能适用于不同类型的问题和紧急性。第三，技术支持团队的专业知识。评估供应商的技术支持团队是否具备足够的专业知识，能够解决复杂的网络问题。

（4）成本结构评估

成本是选择供应商时必须考虑的关键因素之一。网络管理人员应该对供应商的成本

结构进行评估，包括以下方面：第一，定价模型。了解供应商的定价模型，包括是否采用按使用量计费、按许可证计费或其他模型。选择适合组织需求的定价模型。第二，隐藏费用。确保透彻了解供应商的费用结构，以避免隐藏费用和不明确的收费项目。第三，升级成本。评估升级服务的成本，以确保在未来的增长中能够承受。

2. 合同谈判

合同谈判是与供应商达成有利合同条件的关键阶段。网络管理人员应该采取主动措施，确保合同满足组织的需求并具有灵活性。

（1）价格谈判

在价格谈判中，网络管理人员可以尝试争取更有利的价格和合同条件。以下是价格谈判的关键策略：第一，市场比较。进行市场研究，了解同类供应商的价格水平，以确保所谈判的价格合理和有竞争力。第二，长期合同。考虑与供应商签订长期合同，以获取更有利的价格折扣和条款。第三，升级和降级条款。在合同中包含升级和降级的条款，以便根据需求灵活调整服务级别。

（2）支持和服务谈判

供应商提供的支持和服务对于网络的稳定性和问题解决至关重要。在合同谈判中，网络管理人员应考虑以下方面：第一，服务等级协议（SLA）。确保 SLA 中包含明确的服务可用性、响应时间和问题解决时间的承诺，并建立相应的惩罚和奖励机制。第二，支持团队。确保合同明确规定供应商的技术支持团队的职责和响应时间。第三，升级路径。在合同中讨论升级路径，以确保在需要时可以无缝升级到更高级别的服务。

（3）合同条款和风险管理

在合同谈判中，网络管理人员还应关注合同的条款和风险管理。以下是关键方面：第一，解除合同条件。确保合同中明确规定了解除合同的条件和程序。这有助于在需要时安全地结束合同。第二，隐私和安全。确保合同包含有关数据隐私和安全的相关条款，以保护组织的敏感信息。第三，法律审查。考虑在合同谈判过程中进行法律审查，以确保合同不违反法律法规。第四，风险分担。讨论风险分担策略，确定责任和赔偿机制，以应对潜在的问题和纠纷。

（二）许可证管理

有效的许可证管理可以避免不必要的软件许可费用，并确保组织合规。以下是许可证管理的关键方面：

1. 许可证清单

许可证清单管理是网络管理中的基本任务之一。它涉及跟踪和记录组织中使用的所有软件和应用程序的许可证信息。以下是许可证清单管理的关键方面：第一，许可证记录。网络管理人员需要维护详细的许可证记录，包括每个软件产品的许可证类型、版本号、购买日期、有效期和许可证密钥等信息。这有助于确保所有软件都具有合法的许可证。第二，软件发现。对于大型组织来说，可能会有大量的软件和应用程序，包括操作系统、办公套件、数据库管理系统等。网络管理人员需要使用软件发现工具，以确保所有软件都被记录在许可证清单中。第三，许可证复审。定期进行许可证清单复审是必要的。网络管理人员应该与部门负责人和软件管理员合作，确保所有软件都有合法的许可证，并检查是否需要更新或续订。

2. 许可证优化

许可证优化是为了最大程度地降低许可证成本，同时满足组织的需求。以下是许可证优化的关键方面：第一，许可证审查。网络管理人员应该定期审查许可证清单，识别不再需要的许可证。这可能包括不再使用的软件或过时的版本。通过删除不必要的许可证，可以降低成本。第二，许可证合理配置。合理配置许可证意味着确保每个用户或设备都具有适当的许可证，而不会浪费资源或购买不必要的许可证。网络管理人员应该了解组织的需求，根据实际使用情况配置许可证。第三，许可证管理工具。使用许可证管理工具可以帮助网络管理人员更有效地管理和优化许可证。这些工具可以自动识别不合规的许可证、提供许可证使用报告并提供提醒，以便及时续订许可证。

3. 云服务和虚拟化

云服务和虚拟化技术已经成为降低硬件和维护成本的有效手段。网络管理人员应该合理使用这些技术来提高资源利用率和降低成本。第一，云服务管理。对于云服务，网络管理人员需要密切关注资源使用情况，确保仅购买和使用所需的资源。云服务提供了弹性和按需计费的优势，但也需要仔细管理，以避免不必要的费用。第二，虚拟化技术。虚拟化技术允许多个虚拟机共享单一物理服务器的资源，从而减少硬件需求。网络管理人员应该合理规划虚拟机的部署，确保资源充分利用，并减少硬件购买成本。

4. 节能措施

节能措施对于降低网络设备和数据中心的能源成本至关重要。以下是节能措施的关键方面：第一，设备配置优化。网络管理人员可以通过优化网络设备的配置来降低能源消耗。这可能包括调整设备的功率管理设置、使用更高效的硬件和关闭不必要的设备。第二，高效冷却。数据中心的冷却是能源消耗的一个主要来源。网络管理人员可以实施高效的冷却策略，如使用热通道 / 冷通道布局、采用冷热走廊和利用空气管理技术来减少冷却成本。第三，能源监测。实时能源监测系统可以帮助网络管理人员实时监控能源使用情况，并识别潜在的节能机会。这有助于及时采取措施来减少能源成本。

第二节　网络监测与故障诊断

一、网络监测工具与技术

网络监测是网络管理的核心任务之一，它旨在实时监测网络设备的性能和可达性，以便及时发现问题并采取措施。以下是一些常用的网络监测工具与技术：

（一）Ping（**网络包探测工具**）

Ping 是一种最常用的网络监测工具，它用于测试主机的可达性和测量响应时间。以下是 Ping 工具的关键特点和用途：

1. ICMP 协议

Ping 使用 ICMP（Internet Control Message Protocol）协议来发送回显请求并接收回应。这使得 Ping 能够快速检测主机的在线状态。

2. 可达性测试

主要用于测试目标主机是否可通过网络进行通信。如果 Ping 命令成功，表示目标主机在线且可达。

3. 响应时间测量

Ping 还提供了响应时间的度量，通常以毫秒为单位。较短的响应时间通常表示网络连接较快，而较长的响应时间可能表明网络延迟。

4. 用途

Ping 可用于快速检测设备的在线状态，验证网络连接的可靠性，并帮助确定网络问题的起因。它通常用于测试网络层连接。

（二）Traceroute（**路由跟踪工具**）

Traceroute 是一种用于跟踪数据包从源主机到目标主机的路径的工具。以下是 Traceroute 工具的关键特点和用途：

1. 路径跟踪

Traceroute 通过向目标主机发送一系列 UDP 或 ICMP 数据包，每个数据包具有不同的 TTL（Time To Live）值。每个路由器将 TTL 减小 1，直到达到目标主机或 TTL 为 0。这样，Traceroute 可以跟踪数据包在网络中的路径。

2. 发现路由问题

Traceroute 可用于发现网络中的路由问题和延迟。通过查看 Traceroute 的输出，网络管理人员可以确定数据包在网络中经过的路由器，以便分析和解决问题。

3. 用途

Traceroute 常用于网络故障排除，帮助识别网络路径上的问题，包括路由故障、延迟问题和不稳定的网络连接。

（三）SNMP（Simple Network Management Protocol）

SNMP 是一种用于监测和管理网络设备的协议，它提供了一种标准的方式来获取和设置网络设备的状态信息。以下是 SNMP 协议的关键特点和用途：

1. 管理网络设备

SNMP 允许网络管理系统（NMS）通过查询和设置设备的 MIB（Management Information Base）来监测设备的性能和状态。网络管理人员可以远程管理设备，例如路由器、交换机和服务器。

2. 性能监测

SNMP 可用于监测设备的 CPU 利用率、内存使用、网络流量、接口状态等性能指标。这有助于实时监测设备的健康状况。

3. 告警和通知

SNMP 支持告警和通知机制，当设备状态发生变化或达到某个阈值时，可以发送警报通知网络管理人员。

4. 用途

SNMP 广泛应用于网络管理，帮助网络管理人员监测和管理大量的网络设备，确保网络的可用性和性能。

（四）流量分析工具

流量分析工具，如 Wireshark，是用于捕获和分析网络流量数据包的工具。以下是流量分析工具的关键特点和用途：

1. 数据包捕获

流量分析工具可以捕获经过网络接口的数据包，包括数据包的源和目标地址、协议类型、大小和时间戳等信息。

2. 协议分析

通过分析数据包，流量分析工具可以识别网络中的各种协议，包括 TCP、UDP、HTTP、DNS 等。这有助于理解网络流量的性质和通信模式。

3. 故障排除

流量分析工具对于排查复杂的网络问题非常有帮助。它可以帮助识别性能问题、安全威胁和协议错误。

4. 用途

流量分析工具通常用于网络故障排除、网络性能优化和安全监测，以提高网络的可靠性和安全性。

（五）性能监测系统

性能监测系统（PMS）是专门设计用于监测网络设备性能的工具。以下是性能监测系统的关键特点和用途：

1. 实时监测

PMS 可以实时监测网络设备的性能指标，包括带宽利用率、响应时间、丢包率、CPU 和内存使用等。

2. 报告和仪表板

PMS 通常提供图形化的仪表板和性能报告，帮助网络管理人员快速识别性能问题和趋势。

3. 警报和通知

PMS 支持配置警报和通知，当性能问题达到预定阈值时，可以自动发送警报通知管

理员。

4. 用途

PMS 主要用于监测网络设备的性能，帮助网络管理人员识别潜在的性能瓶颈和问题，以便及时采取措施优化网络。

二、网络故障诊断方法

网络故障诊断是在发现网络问题后，确定问题的原因并采取适当的措施来修复问题的过程。以下是一些常用的网络故障诊断方法：

（一）分析日志文件

1. 设备日志分析

网络设备和服务器经常生成各种日志文件，这些文件记录了设备的操作和事件。网络管理人员可以通过仔细分析这些设备日志来实现以下目标：

（1）故障诊断

设备日志是诊断网络故障的重要工具。通过检查日志中的错误消息和警告，网络管理人员可以快速定位问题的原因。例如，如果路由器的日志显示与某个特定接口相关的错误消息，可能表明该接口存在问题。

（2）性能监测

日志文件还记录了设备的性能指标，如 CPU 利用率、内存使用和网络流量。这些信息有助于监测设备的性能，识别性能问题，并采取适当的措施来优化设备的性能。

（3）配置更改

日志文件还记录了对设备配置的更改。这对于跟踪和审计配置变更非常重要，以确保网络的稳定性和安全性。如果出现问题，可以查看日志以确定是否有不正确的配置更改。

（4）警报和通知

日志文件中的警告和通知信息可以帮助网络管理人员及时响应问题。例如，如果日志文件中出现硬件故障的警告消息，管理人员可以采取行动来更换受影响的硬件。

2. 安全事件日志分析

安全事件日志记录了与网络安全相关的事件，包括入侵尝试、恶意软件检测、异常登录尝试、合规性和审计等。分析安全事件日志对于网络安全至关重要，以下是安全事件日志分析的重要方面：

（1）入侵检测

安全事件日志通常包含有关潜在入侵尝试的信息，如未经授权的访问尝试、恶意流量检测等。通过分析这些日志，安全团队可以及早发现入侵，并采取措施来防止进一步入侵。

（2）恶意软件检测

安全事件日志还记录了恶意软件的检测和活动。这些信息可用于识别恶意软件的传播路径，以及受影响的系统和文件。

（3）异常登录尝试

日志中的异常登录尝试信息可用于检测密码破解尝试和未经授权的访问。安全团队可以采取措施来防止未经授权的访问，并加强安全策略。

（4）合规性和审计

安全事件日志对于合规性和审计要求非常重要。组织需要跟踪和记录安全事件，以满足法规和行业标准的要求。安全事件日志提供了审计证据，证明组织已经采取了适当的安全措施。

（二）检查物理连接

1. 电缆和连接器

物理连接问题可能导致网络故障。网络管理人员应检查电缆、连接器和接口，确保它们正常工作、连接牢固且没有物理损坏。

2. 设备状态灯

网络设备通常配备了状态指示灯，用于指示设备的运行状态。网络管理人员可以通过观察这些指示灯来检查设备是否正常工作。

（三）检查设备配置

1. 电缆和连接器的检查

电缆和连接器是网络物理层的重要组成部分，它们的状态对网络连接的可靠性至关重要。在检查电缆和连接器时，网络管理人员应注意以下方面：

（1）电缆状态

首先，检查电缆的整体状态。确保电缆外皮完好无损，没有明显的划痕、切口或磨损。其次，确保电缆的长度适当，不过长也不过短，以避免信号损失或不必要的缠绕。

（2）连接器检查

检查连接器的插口和插头，确保它们没有生锈、氧化或脏污。脏污或氧化的连接器可能会导致信号不良或断开连接。如果发现问题，应进行清洁或更换。

（3）连接的牢固性

确保连接器插头与插口之间连接牢固。松动的连接可能会导致信号干扰或断开连接。用适当的方式插入连接器并确保它们牢牢固定。

（4）电缆类型

确保使用的电缆类型与网络要求相匹配。不同类型的电缆（如 Cat5e、Cat6、光纤等）具有不同的传输特性和带宽容量，选择错误类型的电缆可能会导致性能问题。

2. 设备状态灯的检查

网络设备通常配备了各种状态指示灯，这些指示灯用于指示设备的运行状态和性能。在检查设备状态灯时，网络管理人员应注意以下方面：

（1）电源指示灯

检查设备的电源指示灯。正常情况下，电源指示灯应该亮起，表明设备已经上电并正常工作。如果电源指示灯闪烁或熄灭，可能表示供电问题或设备故障。

（2）连接状态指示灯

连接状态指示灯通常用于指示设备的连接状态。例如，交换机的端口通常配备了连接状态指示灯，用于指示是否有设备连接到该端口。检查这些指示灯可以帮助确定连接是否正常。

（3）活动指示灯

活动指示灯通常用于指示设备上的网络活动。例如，网络接口卡上的活动指示灯可以指示数据传输是否正在进行。检查活动指示灯可以帮助确定设备是否在正常通信。

（4）错误指示灯

错误指示灯通常用于指示设备是否发生错误或故障。如果错误指示灯亮起，网络管理人员应查看设备的手册或文档，了解错误的具体含义，并采取适当的措施来解决问题。

（四）使用远程管理工具

许多网络设备具有远程管理功能，允许网络管理人员远程访问设备并进行诊断和配置更改。通过远程管理工具，网络管理人员可以迅速响应问题并进行修复，而无需亲临现场。

1. 远程管理工具的重要性

在现代网络管理中，远程管理工具扮演着至关重要的角色。它们使网络管理人员能够从远程位置访问和管理网络设备，提供了以下重要优势：

（1）即时响应

远程管理工具允许网络管理人员立即响应网络问题。无需亲临现场，他们可以快速远程访问设备，缩短了故障修复时间，提高了网络的可用性。

（2）降低成本

远程管理工具可以降低维护和支持的成本。不再需要经常派遣技术人员到各个地点，节省了旅行和住宿费用。

（3）实时监测

远程管理工具可以提供实时监测和性能管理功能。网络管理人员可以远程监测设备的性能、资源利用率和流量模式，及时识别并解决问题。

（4）远程配置

通过远程管理工具，网络管理人员可以进行设备配置更改，而无需物理接触设备。这提供了灵活性和便利性，特别是在大规模网络中。

2. 远程管理工具的关键功能

远程管理工具通常具有以下关键功能，以支持网络管理人员的工作：

（1）远程访问

工具应提供安全的远程访问通道，允许管理员连接到网络设备。这通常通过 SSH、

Telnet、远程桌面等协议实现。

（2）实时监测

工具应能够监测设备的性能指标，包括 CPU 利用率、内存使用、带宽利用率和接口状态。实时监测帮助及时发现问题。

（3）配置管理

管理员应能够远程查看和编辑设备配置，这包括修改路由表、防火墙规则、访问控制列表等。

（4）警报和通知

工具应具备警报和通知功能，以便在发生重要事件时通知管理员。这可以通过电子邮件、短信或其他通信方式实现。

（5）远程诊断

工具应支持远程诊断，包括远程控制台访问和日志查看。这有助于快速解决问题，而无需物理介入。

3. 安全性和远程管理工具

安全性对于远程管理工具至关重要。网络管理人员需要确保这些工具的访问受到适当的安全控制，以防止未经授权的访问和潜在的威胁。以下是确保远程管理工具安全性的一些关键措施：

（1）身份验证

使用强大的身份验证方法，如多因素认证，以确保只有授权的用户能够访问工具。

（2）加密通信

所有远程管理工具的通信应使用安全加密协议，如 SSL/TLS，以防止数据泄露和中间人攻击。

（3）访问控制

设立适当的访问控制列表（ACL）和权限，限制不同用户对不同设备和功能的访问。

（4）日志记录和审计

记录所有远程管理会话，并定期审计这些日志，以便检测异常行为和安全事件。

4. 未来趋势和远程管理工具

远程管理工具的未来发展趋势包括更强大的自动化功能、更智能的故障检测和修复、云基础架构的支持及更紧密集成的网络管理套件。这些趋势将进一步提高网络管理的效率和可靠性。

网络监测与故障诊断是网络管理中的关键任务，有助于确保网络的高可用性和性能。合理使用检测工具和故障诊断方法可以降低网络故障对组织的影响，并减少故障修复时间。同时，不断提高网络管理人员的技能和知识也是确保网络稳定性的重要因素。

第三节　带宽管理与性能优化

一、内容分发网络（CDN）

内容分发网络（CDN）是一项用于提高网络性能和用户体验的关键技术。CDN 通过将内容分发到多个地理位置的服务器上，减少了数据的传输距离，从而加速了内容的加载速度。

（一）减少传输距离

CDN 将静态内容（如图像、视频、CSS 文件等）存储在离用户更近的边缘服务器上。这样，用户可以从距离更近的服务器获取内容，减少了传输时间，提高了加载速度。

1. 地理分布

CDN 网络由多个服务器节点组成，这些节点位于全球各地的数据中心或边缘位置。这意味着用户可以从距离他们更近的服务器获取内容，而不必请求远程服务器。这降低了延迟，提高了加载速度。

2. 内容缓存

CDN 节点通常会缓存静态内容，例如图像、视频、CSS 文件和 JavaScript 文件。当一个用户请求特定内容时，CDN 可以直接提供已经缓存的内容，而不必向原始服务器发出请求。这减少了原始服务器的负载，加快了响应时间。

3. 动态内容加速

除了静态内容，CDN 还可以用于加速动态内容，例如动态网页或应用程序数据。CDN 可以通过将动态内容缓存在高性能边缘服务器上，减少对应用程序服务器的请求，这提高了动态内容的交付速度。

（二）缓存和负载均衡

CDN 服务器通常会缓存内容，以减少对原始服务器的请求。此外，CDN 还可以执行负载均衡，将用户请求分配到不同的服务器上，以平衡流量负载。

1. 缓存功能

CDN 服务器通常会缓存静态和动态内容。当用户请求特定内容时，CDN 会首先检查其缓存，如果该内容已经存在于缓存中，CDN 将直接提供缓存的内容，而不必向原始服务器发出请求。这个过程带来了多个好处：第一，减少延迟。由于内容位于用户更接近的边缘服务器上，因此加载时间更短，用户经验更好。第二，降低服务器负载。因为 CDN 缓存减少了对原始服务器的请求，所以减轻了原始服务器的负载，提高了服务器的性能和可用性。第三，高可用性。如果原始服务器发生故障，CDN 可以继续提供缓存的内容，确保用户不会受到服务中断的影响。

2. 负载均衡功能

CDN 还具备负载均衡功能，可以将用户请求分配到不同的服务器上，以平衡流量负载。这有助于避免某个服务器过载，提高了整体性能和可用性。负载均衡功能包括以下方面：第一，服务器选择。CDN 会根据多个因素，如服务器的响应时间、负载情况和地理位置，来选择最合适的服务器响应用户请求。第二，流量分发。CDN 将用户请求分散到不同的服务器上，确保每个服务器都能均匀分担负载。第三，故障处理。如果某个服务器发生故障，CDN 可以自动将流量重定向到其他正常运行的服务器上，避免中断用户服务。

（三）支持大流量活动

在大型在线活动（如直播、全球发布会等）期间，CDN 可以有效地处理大量用户的请求，确保内容的高可用性和低延迟。

1. 全球分布的边缘服务器

CDN 的核心功能之一是将内容分布到多个地理位置的边缘服务器上。在大型在线活动期间，CDN 可以将内容的多个副本存储在各个地区的边缘服务器上。这样，无论用户身处何处，都可以从距离最近的边缘服务器获取内容，减少了传输距离，提高了加载速度。

2. 缓存和负载均衡

CDN 服务器通常会缓存活动期间的内容，以减少对原始服务器的请求。此外，CDN 还可以执行负载均衡，将用户请求分配到不同的服务器上，以平衡流量负载。这确保了内容在大流量情况下的高可用性和低延迟。

3. 实时监测和自动调整

CDN 提供实时监测功能，能够追踪网络流量和服务器性能。当网络流量剧增时，CDN 可以自动调整资源分配，以应对高流量需求。这种自动化调整确保了大型在线活动期间网络的可靠性和性能。

二、压缩技术

压缩技术是一种降低数据传输所需带宽的有效方式，从而提高网络性能。这种技术通过减小数据包的大小，减少了数据传输的时间和带宽需求。

（一）数据压缩算法

数据压缩算法是实现数据压缩的核心。有多种压缩算法可供选择，包括无损压缩和有损压缩。其中，GZIP 是一种常用的无损压缩算法，广泛应用于 HTTP 通信。它通过消除数据中的冗余信息来减少文件大小，从而降低了传输带宽的需求。在压缩的过程中，GZIP 会使用一系列算法，如 Lempel-Ziv-Welch（LZW）来识别和删除数据中的重复模式，从而实现高效的压缩。另外，有损压缩算法如 JPEG 用于图像压缩，通过牺牲一些图像质量来进一步减少文件大小。

（二）减少传输时间

压缩技术减小了数据包的大小，因此在传输时需要更少的时间。这对于带宽受限或高延迟的网络连接尤其有益。例如，在移动网络中，带宽通常有限，因此使用压缩技术可以显著提高数据传输速度。此外，高延迟的网络连接可能导致数据传输时间较长，而压缩可以缩短传输时间，使数据更快地到达目标。

（三）压缩率和性能损耗

在实施压缩技术时，需要权衡压缩率和性能损耗之间的关系。更高的压缩率通常会导致更小的数据传输，从而降低了带宽要求，但同时可能需要更多的计算资源来进行压缩和解压缩。这意味着在进行压缩时，需要考虑性能方面的因素，确保压缩不会导致系统的性能明显下降。因此，在选择压缩算法和参数时，我们需要仔细评估性能和压缩效果，以满足特定应用的需求。

第四节　负载均衡与流量管理

一、负载均衡原理

负载均衡是一种网络技术，旨在将网络流量均匀地分配到多个服务器或设备上，以提高性能和可用性。其原理如下：

（一）负载均衡器（Load Balancer）

负载均衡的核心是负载均衡器，它是一种专门设计用于监控网络流量和决定将流量发送到哪个服务器的设备。负载均衡器位于网络中，充当流量的入口，根据一定的策略将流量转发给后端的多台服务器。负载均衡器可以是硬件设备，也可以是软件应用，根据网络规模和需求进行选择。

（二）流量分发策略

负载均衡器采用不同的策略来分发流量，以确保服务器资源得到有效利用。常见的负载均衡策略包括：

1. 轮询（Round Robin）

这是最简单的策略，负载均衡器按照顺序将请求分发给后端服务器。每个服务器接收到相同数量的请求，适用于服务器性能相近的情况。

2. 权重轮询

负载均衡器根据服务器的性能和负载情况分配权重，以确保更强大的服务器获得更多的流量。

3. 最小连接数

负载均衡器将流量分发给当前连接数最少的服务器，以确保负载更均衡。

4. 最少响应时间

负载均衡器选择具有最短响应时间的服务器来处理请求，以提高响应速度。

5.IP 散列

负载均衡器基于客户端 IP 地址计算哈希值，将客户端请求路由到特定服务器，以确保来自同一客户端的请求被发送到同一台服务器。

（三）健康检查

负载均衡器会定期检查后端服务器的健康状态。通过发送健康检查请求并等待响应，负载均衡器可以确定哪些服务器正常工作，哪些服务器发生故障或不可用。如果某个服务器被标记为不可用，负载均衡器将停止将流量发送到该服务器，并将流量重定向到其他健康的服务器，以确保高可用性。

（四）会话保持

在某些应用场景中，需要确保用户的会话在同一台服务器上保持一致，以防止会话中断。这通常用于在线购物车、登录状态等需要保持一致性的应用。负载均衡器可以使用会话保持技术，通过将特定客户端的请求路由到同一台服务器来实现会话保持。

二、流量管理技术

流量管理技术包括流量监测、流量分析和流量控制，旨在确保网络流量的有效使用并优化网络性能。

（一）流量监测

流量监测是实时监控网络流量的过程。它通常通过专门的网络流量监测工具和设备来实现。流量监测的主要特点包括：

1. 实时性

流量监测能够及时捕获和记录网络流量的各个方面，包括带宽利用率、流量模式和源目标信息。

2. 故障检测

通过监测网络流量，管理员可以快速检测到网络中的潜在问题，如链路故障、拥塞、丢包等，从而及时采取措施进行修复。

3. 异常流量识别

流量监测还有助于识别异常流量，例如来自恶意攻击或病毒传播的流量，以提高网络安全性。

（二）流量分析

流量分析是对网络流量进行深入研究和分析的过程，以获取关于网络活动的深刻理解。流量分析的特点包括：

1. 洞察力

流量分析可以提供详细的流量数据，包括流量的源和目标、协议、端口等信息，使

管理员能够深入了解网络的使用情况。

2. 趋势分析

对历史流量数据的分析，可以识别流量模式和趋势，有助于规划网络资源和优化性能。

3. 问题诊断

当网络出现问题时，流量分析可以用于定位问题的根本原因，加快故障排除的速度。

（三）流量控制

流量控制是通过策略和机制来管理网络流量的过程，以确保网络资源的有效使用和性能优化。流量控制的特点包括：

1. 带宽管理

流量控制可以包括带宽管理策略，以确保关键业务流量获得足够的带宽，同时限制非关键流量的带宽使用。

2.QoS（服务质量）管理

流量控制可以实现 QoS 策略，确保关键应用的优先性，如实时音视频通信或在线游戏。

安全性：流量控制还可以用于网络安全，限制恶意流量或 DDoS 攻击的影响。

第七章　云计算与网络安全

第一节　云计算的概念与模式

一、云计算基本概念

云计算是一种基于互联网的计算模式，它提供了一种按需使用计算资源的方式，这些资源可以包括计算能力、存储、数据库、网络、分析等各种服务。以下是云计算的基本概念：

（一）云计算的特点

1. 按需自助服务（On-Demand Self-Service）

云计算允许用户根据需要自主获取计算资源，而无需人工干预或设置复杂的交互流程。这意味着用户可以根据实际需求灵活地配置和管理资源，实现资源的快速获取和释放。

2. 广泛的网络访问（Broad Network Access）

云服务通过互联网广泛提供，用户可以通过网络随时随地访问云资源和服务。这使得用户可以从不同地点、不同设备上访问云服务，提高了灵活性和可访问性。

3. 资源池化（Resource Pooling）

云提供商通常将计算、存储和网络资源集中到一个资源池中，供多个用户共享。这种资源的汇集和共享提高了资源利用率，减少了浪费，并且可以更有效地满足用户需求。

4. 弹性伸缩（Rapid Elasticity）

云计算允许用户根据实际需求快速扩展或缩减其使用的资源，而无需长时间的规划和部署过程。这种弹性使得用户可以在应对不同负载时灵活地调整资源，以满足高峰和低谷时段的需求。

5. 快速交付和释放（Measured Service）

云计算提供了快速交付应用和服务的能力，减少了部署时间。同时，用户可以根据实际使用情况来监测和测量其资源消耗，以便精确地计费，并在不再需要资源时进行释放，避免了资源的浪费。

（二）云计算的服务模型

云计算按服务模型分为以下三种主要类型：

1. 基础设施即服务（Infrastructure as a Service - IaaS）

IaaS 是一种云计算服务模型，它提供了虚拟化的计算资源，包括虚拟机、存储和网

络。用户可以通过云服务提供商租赁这些基础设施资源，而无需购买和维护物理硬件。在 IaaS 模型下，用户通常可以根据需要自行管理操作系统、应用程序和数据。

（1）特点

第一，灵活的计算能力。IaaS 允许用户根据其需求获得灵活的计算资源。这意味着他们可以根据工作负载的需求随时扩展或缩减计算资源，而不必关心硬件采购或容量规划。

第二，无需物理硬件维护。用户不需要购买、维护或管理物理服务器、存储设备或网络设备。这减轻了硬件管理的负担，使组织能够专注于应用程序开发和业务需求。

第三，资源池化。云提供商通常将大量计算和存储资源集中到资源池中，以便多个用户共享。这种资源池化可以实现更高的资源利用率，并提供成本效益。

第四，弹性伸缩。IaaS 模型允许用户根据工作负载的需求自动或手动扩展或缩减资源。这种弹性伸缩使组织能够灵活地应对流量峰值和变化。

（2）应用场景

第一，开发和测试环境。开发团队可以使用 IaaS 来快速创建、配置和管理开发及测试环境，以便进行应用程序开发和测试。

第二，虚拟桌面基础设施。组织可以使用 IaaS 来实现虚拟桌面基础设施，以提供员工远程访问和灵活的工作环境。

第三，存储备份。组织可以将数据备份到云中的存储资源上，以确保数据的安全性和可恢复性。

第四，托管 Web 应用程序。企业可以托管其 Web 应用程序、网站和数据库等基础设施，以确保高可用性和可扩展性。

2. 平台即服务（Platform as a Service - PaaS）

PaaS 是一种云计算服务模型，提供了更高级别的服务，包括操作系统、数据库、开发框架和工具。用户可以使用这些平台来开发、测试和部署应用程序，而无需担心底层基础设施的维护。在 PaaS 模型下，云提供商通常负责底层操作系统、硬件和网络设备的管理，使开发人员能够更专注于应用程序的开发和创新。

（1）特点

第一，应用程序开发焦点。PaaS 使开发人员能够更专注于应用程序的开发和功能创新，而不必担心底层基础设施的管理。这加速了应用程序的开发周期。

第二，托管环境。PaaS 提供了一种托管环境，用于构建、测试和部署应用程序。这意味着用户无需购买、配置或维护服务器、操作系统或数据库。

第三，开发框架和工具。PaaS 通常提供了各种开发框架、工具和服务，包括数据库管理、版本控制、集成开发环境（IDE）等，以帮助开发人员更高效地工作。

第四，自动扩展和负载均衡。许多 PaaS 提供商允许应用程序自动扩展，以应对流量峰值和增长。负载均衡也通常是一个内置功能，以确保应用程序的高可用性和性能。

（2）应用场景

第一，Web应用程序开发。PaaS广泛应用于Web应用程序的开发，包括电子商务网站、博客平台、社交媒体应用程序等。

第二，移动应用程序。开发移动应用程序时，PaaS可以提供开发和测试环境，以支持多个移动平台的应用程序开发。

第三，分析和大数据应用。PaaS可以为大数据应用程序提供数据存储、分析工具和可伸缩性，以处理大规模数据集。

第四，IoT应用程序。互联网物联网（IoT）应用程序通常使用PaaS来管理和分析从各种传感器和设备收集的数据。

3. 软件即服务（Software as a Service - SaaS）

SaaS是一种云计算服务模型，它提供完全托管的应用程序，用户可以通过互联网访问这些应用程序，而无需安装、配置或维护它们。在SaaS模型下，所有的应用程序和数据都托管在云中，用户只需要一个终端设备和网络连接即可使用这些应用程序。

（1）特点

第一，零维护。SaaS用户无需关心底层基础设施和应用程序的维护，这些任务全部由云提供商负责。用户只需专注于如何使用应用程序来满足其业务需求。

第二，即用即付。SaaS通常采用订阅模式，用户根据其需求选择订阅计划，并按月或按年支付费用。这种模式允许用户根据需要灵活地扩展或缩减应用程序的使用。

第三，普遍可访问。SaaS应用程序可以通过互联网随时随地访问，只要有合适的终端设备和网络连接，用户就可以使用它们。这种广泛的可访问性使得远程工作和协作变得更加便捷。

第四，自动更新。云提供商负责应用程序的更新和维护，确保用户始终使用最新版本的应用程序，无需手动安装升级。

第五，多租户架构。SaaS通常采用多租户架构，多个用户共享相同的应用程序实例，但其数据和配置是隔离的，从而确保数据隐私和安全性。

（2）应用场景

第一，企业应用。SaaS广泛用于企业环境中，包括客户关系管理（CRM）、企业资源规划（ERP）、协作工具、电子邮件、办公套件等。这些应用程序帮助企业提高生产力、管理业务和改善客户关系。

第二，在线协作。在线协作工具如Google Workspace和Microsoft 365是SaaS的典型例子，它们允许用户协作创建文档、表格、幻灯片等，以及进行实时协作和共享。

第三，内容管理。许多内容管理系统（CMS）和博客平台也采用SaaS模型，用户能够轻松创建和管理网站内容。

第四，电子商务。在线商店和电子商务平台通常使用SaaS来管理产品目录、购物车、订单处理等功能。

（三）云计算的优势

1. 成本效益

云计算提供了成本效益的解决方案，用户无需投入大规模的前期资本成本来购买和维护物理硬件。相反，他们可以根据需求弹性地支付，只需支付他们实际使用的资源，从而节省了资金。

2. 灵活性和可扩展性

云计算允许用户根据需求快速扩展或缩减资源。这种灵活性意味着用户可以根据工作负载的变化来调整其资源，而无需等待采购和部署新硬件。这使得应对业务需求的快速变化变得更加容易。

3. 高可用性和容错性

云提供商通常提供多个数据中心和冗余设备，以确保服务的高可用性。这些数据中心位于不同的地理位置，可以在一个数据中心发生故障时自动切换到另一个数据中心，从而提供容错性和业务连续性。

4. 创新和快速交付

云计算模型为开发人员提供了更快的开发和交付应用程序的能力。通过使用 PaaS 和 SaaS 模型，开发人员可以专注于应用程序的逻辑和功能，而不必花费时间在底层基础设施的管理上。这种快速交付有助于加速创新和产品上市时间。

二、云计算部署模式

云计算可以根据部署模式分为以下几种类型：

（一）公共云（Public Cloud）

公共云是由云提供商向公众开放的云服务，多个用户可以共享相同的基础设施和资源。这种模式具有以下特点：第一，成本效益。公共云通常以多租户模式提供，可以在资源上实现共享，从而降低了成本。第二，易于管理和扩展。云提供商负责基础设施的管理和维护，用户可以根据需求快速扩展或缩减资源。第三，广泛的网络访问。用户可以通过互联网随时随地访问公共云服务。第四，多租户模式。多个用户共享相同的基础设施，但互相隔离，确保数据隐私和安全性。

（二）私有云（Private Cloud）

私有云是为单个组织或企业独立设置的云基础设施，通常由该组织自己管理和维护。这种模式具有以下特点：第一，更高的安全性和隐私。私有云提供了更高级别的安全性和隐私保护，适用于处理敏感数据的组织。第二，自主管理。组织可以自己管理和维护私有云，具有更大的控制权。第三，成本较高。建立和维护私有云的成本相对较高，因为组织需要购买和维护硬件和软件。

（三）混合云（Hybrid Cloud）

混合云结合了公共云和私有云的特点，允许数据和应用在公共云和私有云之间流动。

这种模式具有以下特点：第一，灵活性。组织可以根据需要在公共云和私有云之间动态迁移工作负载，以适应不同业务需求。第二，安全性。混合云需要强大的安全策略来确保数据在不同环境之间的安全传输和存储。第三，合规性。组织需要考虑合规性要求，以确保符合行业法规和标准。

（四）社区云（Community Cloud）

社区云是由一组组织或企业共享的云基础设施，通常满足特定行业或社区的需求。这种模式具有以下特点：第一，资源共享。社区云促进了资源共享和合作，使相关组织可以共同使用基础设施。第二，特定需求。社区云通常满足特定行业或社区的需求，例如医疗保健、教育或政府部门。

（五）边缘云（Edge Cloud）

边缘云将计算资源放置在离用户和设备更近的地方，以减少延迟和提高响应速度。这种模式具有以下特点：第一，低延迟。边缘云提供低延迟的计算资源，适用于需要快速响应的应用程序，如物联网（IoT）和边缘计算应用。第二，分布式架构。计算资源分布在多个边缘位置，可以更好地处理分布式工作负载。

第二节　虚拟化技术与云平台

一、虚拟化技术概述

虚拟化技术是云计算的核心，它允许在物理硬件上创建多个虚拟环境，每个虚拟环境可以运行独立的操作系统和应用程序。以下是虚拟化技术的概述：

（一）虚拟化的主要组成部分

1. 虚拟机（Virtual Machine – VM）

虚拟机是虚拟化环境中的一个独立实体，包括操作系统和应用程序。多个虚拟机可以在同一物理服务器上运行，彼此相互隔离。虚拟机的关键特点包括：

独立性：每个虚拟机都是一个独立的操作系统和应用程序的实例，彼此之间互相隔离。

共享资源：虚拟机可以共享物理服务器上的资源，如 CPU、内存、磁盘和网络。

灵活性：虚拟机可以根据需要创建、启动、停止、迁移和删除，提供了灵活的资源管理和配置功能。

2. 虚拟化管理器（Hypervisor）

虚拟化管理器是虚拟化技术的核心组件，负责管理和分配物理硬件资源给虚拟机。它有两种主要类型：

类型 1 Hypervisor（裸机虚拟化）：这种类型的虚拟化管理器直接在物理硬件上运行，而不需要宿主操作系统。它提供了更高的性能和资源利用率。例如，VMware vSphere 和 Microsoft Hyper-V。

类型 2 Hypervisor（主机虚拟化）：这种类型的虚拟化管理器在操作系统上运行，通过操作系统与物理硬件交互。它通常用于开发和测试环境，不如类型 1 Hypervisor 高效。例如，Oracle VirtualBox 和 VMware Workstation。

3. 虚拟硬件

虚拟机可以访问虚拟化管理器提供的虚拟硬件资源，包括：

虚拟 CPU（vCPU）：虚拟化管理器将物理 CPU 分配给虚拟机，每个虚拟机拥有自己的虚拟 CPU。

虚拟内存：虚拟机可以使用虚拟内存，虚拟化管理器将物理内存分配给虚拟机，并处理内存分页。

虚拟磁盘：虚拟机使用虚拟磁盘来存储操作系统和数据。

虚拟网络接口：每个虚拟机都有自己的虚拟网络接口，用于与网络通信。

4. 快照（Snapshot）

虚拟化环境允许创建虚拟机的快照，这是虚拟机的状态的静态副本，可用于备份、还原和测试。快照允许管理员保存虚拟机的特定状态，并在需要时恢复到该状态，或者创建多个不同的虚拟机状态以进行测试和开发。

（二）虚拟化的优势

1. 资源隔离

虚拟化技术允许多个虚拟机在同一物理服务器上运行，但它们相互隔离，不会相互干扰。这提供了以下好处：

安全性增强：每个虚拟机都在独立的环境中运行，因此一个虚拟机的故障或崩溃不会影响其他虚拟机。这提高了系统的稳定性和可用性。

资源分配控制：管理员可以为每个虚拟机分配特定的资源配额，如 CPU、内存和存储，以确保公平共享和性能隔离。

应用隔离：不同应用程序可以在不同的虚拟机中运行，彼此之间相互隔离，从而减少了潜在的冲突和安全风险。

2. 灵活性和可移植性

虚拟机可以轻松迁移到不同的物理服务器上，而无需重新配置。这提供了以下优势：

资源弹性：虚拟机可以根据需要在不同的物理服务器之间迁移，以适应不同工作负载的需求，提高了系统的灵活性。

故障恢复：在物理服务器故障时，虚拟机可以快速迁移到备用服务器上，减少了系统中断时间。

开发和测试：虚拟机可以轻松复制和共享，用于开发、测试和部署新应用程序，提高了开发团队的效率。

3. 资源最大化

虚拟化管理器可以有效地分配和管理物理资源，以最大化资源利用率，这带来以下好处：

资源共享：多个虚拟机可以共享物理服务器上的资源，包括 CPU、内存和存储，从而提高了资源的利用率。

动态调整：虚拟化环境允许管理员在运行时动态调整虚拟机的资源分配，以适应不同工作负载的需求，提高了资源的利用率。

节省能源：通过在单个物理服务器上运行多个虚拟机，可以降低硬件设备的数量，从而减少了能源消耗。

4. 快速部署

创建虚拟机通常比在物理硬件上部署操作系统和应用程序更快速，具有以下优势：

快速启动：虚拟机可以在几分钟内创建和启动，而不需要花费数小时或数天来配置物理服务器。

自动化：虚拟机的创建和配置可以通过自动化工具和脚本实现，加速了部署过程。

版本控制：虚拟机的快照功能允许管理员保存虚拟机的特定状态，以便快速还原或回滚到之前的状态。

二、云平台的组成部分

云平台是构建和运行云服务的基础设施，它通常包括虚拟化技术、存储、网络和管理工具。云服务提供商是提供云计算服务的组织，以下是相关概念：

（一）计算资源

云平台提供计算资源，这是构建和运行应用程序的关键组成部分。以下是计算资源的一些关键方面：

1. 虚拟机（VM）

云平台允许用户创建和管理虚拟机，这些虚拟机可以托管应用程序、运行操作系统，并执行计算任务。

2. 容器

容器技术（如 Docker）允许开发人员将应用程序和其依赖项封装在独立的容器中，云平台提供容器服务来运行和管理这些容器。

3. 计算实例

云平台通常提供各种类型的计算实例，包括通用计算、内存优化、存储优化和 CPU 实例，以满足不同工作负载的需求。

（二）存储服务

存储服务是云平台的重要组成部分，用于数据的存储和管理。以下是存储服务的一些方面：

1. 对象存储

云平台提供对象存储服务，用于存储和管理大规模的非结构化数据，如图像、视频、

文档等。

2. 块存储

块存储服务允许用户创建和管理块级存储卷，通常用于虚拟机或容器的持久性存储。

3. 文件存储

文件存储服务提供共享文件系统，允许多个虚拟机或容器访问相同的文件数据。

（三）网络服务

云平台提供网络服务，确保应用程序的可用性、可访问性和安全性。以下是网络服务的一些方面：

1. 虚拟网络

用户可以创建和管理虚拟网络，定义子网、路由和防火墙规则，以构建复杂的网络拓扑。

2. 负载均衡

负载均衡服务分发流量到多个计算实例，确保应用程序的高可用性和性能。

3. 防火墙

云平台提供防火墙和网络安全组，用于保护应用程序免受网络攻击。

4. 内容分发网络（CDN）

CDN 服务加速内容传输，将内容缓存到多个位置，减少延迟和提高用户体验。

（四）数据库服务

数据库服务是云平台的关键组成部分，用于数据存储和管理。以下是数据库服务的一些方面：

1. 关系型数据库

云平台提供托管的关系型数据库服务，如 MySQL、PostgreSQL、SQL Server 等，用于支持结构化数据存储。

2.NoSQL 数据库

NoSQL 数据库服务用于存储非结构化或半结构化数据，如文档数据库、键值存储和图形数据库。

第三节　网络安全的基本原理

一、网络安全的意义

（一）有助于营造良好的网络环境

在当今网络时代，网络已经成为人们生活和工作的重要工具和平台。为了确保网络环境的健康和安全，网络安全显得尤为重要。良好的网络环境不仅促进了信息的高效传递和数据的分享，还为个人、组织和国家提供了一个安全的在线空间。加强计算机网络的数据安全管理，可以有效地防止个人和机构的敏感信息被不法分子窃取、篡改或滥用。这有助于维护网络系统的正常运行，防止网络犯罪行为的发生，进而营造更加安全、健康和有序的网络环境，充分发挥网络在信息传递和交流中的重要作用。

（二）有助于确保个人的财产安全

随着网络支付和电子金融的快速发展，个人的财产信息日益数字化，因此网络安全对个人的财产安全至关重要。网络支付已经成为人们日常生活的一部分，但同时也面临着网络诈骗、数据泄露等威胁。加强对计算机网络的数据安全管理，可以有效防止不法分子入侵个人网络账户，保障个人财产信息的安全。这意味着人们可以更加安心地使用网络支付方式，不必担心个人财产受到侵害，从而促进了金融行业的稳健发展，同时也提高了个人的财产保障水平。

（三）有助于国家与社会的稳定发展

网络安全不仅关乎个人和组织，还涉及国家和社会的稳定发展。随着大数据技术的不断发展，信息的传播速度大大加快，社交媒体和网络成为信息传播的主要渠道。然而，不法信息和虚假信息的传播也成了社会不稳定的潜在因素。强化对计算机网络的数据安全管理，国家和社会可以更好地监管网络信息的传播，及时制止不法行为，维护社会的稳定。此外，政府的信息系统也受到网络攻击的威胁，因此网络安全工作对于政府的正常运行和国家安全具有重要的意义。

二、安全威胁与漏洞

（一）计算机网络系统存在安全漏洞

计算机网络系统在当今社会中扮演着不可或缺的角色，然而，正如任何复杂系统一样，它也存在一定的安全漏洞和面临一定的挑战。这些漏洞可能会导致各种问题，影响网络的可靠性和数据的保密性。

1. 软件漏洞

计算机网络系统中使用的各种软件，包括操作系统、应用程序和网络服务，都可能存在漏洞。这些漏洞可能由于软件设计或编码错误而产生，这使得黑客或恶意用户能够利用它们进行入侵或攻击。常见的软件漏洞包括缓冲区溢出、SQL 注入、跨站点脚本攻击等。

2. 硬件问题

网络系统中的硬件组件，如路由器、交换机、防火墙等，也可能存在问题。这些问题可能是制造缺陷、硬件老化或配置错误引起的。例如，一个路由器的默认密码未更改可能会导致未经授权的访问，从而威胁网络安全。

3. 未及时更新

许多网络系统管理员未能及时更新其操作系统、应用程序和安全补丁。这使得系统

容易受到已知漏洞的攻击。黑客可以利用已公开的漏洞来入侵未更新的系统。

4. 社会工程和钓鱼攻击

社会工程是一种攻击技术，利用人们的信任和社交工程手段来获取敏感信息。钓鱼攻击则是通过伪装成合法实体来欺骗用户，这使他们透露个人信息或点击恶意链接。这些攻击方式依赖于人为因素，而不是系统漏洞。

5. 内部威胁

内部威胁指的是组织内部的员工或合作伙伴可能滥用其权限或访问敏感信息。这种威胁通常不受传统安全控制措施的限制，因为内部人员已经获得了一定程度的信任。

6.DDoS 攻击

分布式拒绝服务（DDoS）攻击是通过占用网络带宽或超负荷网络服务器来使目标系统不可用的攻击。攻击者通常通过控制大量的僵尸计算机来发起此类攻击，使系统无法正常工作。

（二）较多的群众缺乏良好的网络安全意识

尽管计算机网络的数据安全管理工作在不断加强，但仍然存在一个突出问题，即较多的群众缺乏足够的网络安全意识。这种缺乏网络安全意识的现象可能导致个人、企业和社会面临各种潜在的风险和威胁。

1. 对网络便利性的过分追求

很多人在使用计算机网络时，更关注网络的便利性和功能，而忽视了潜在的风险。他们可能会点击不明链接、下载附件、随意填写个人信息，因为这些操作在短期内提供了便利，但却可能带来长期的安全问题。

2. 信息过载

随着互联网的快速发展，人们每天接触的信息量巨大。在这种情况下，辨别哪些信息是安全的、哪些是恶意的变得更加困难。这导致了一种麻木的态度，人们可能对潜在的威胁视而不见。

3. 社会工程和欺骗

黑客和网络犯罪分子越来越善于利用社会工程和欺骗手段，诱使用户泄露敏感信息。即使有些人有一定的安全意识，也可能因社会工程攻击而受到欺骗。

4. 缺乏后果意识

一些人可能不太了解网络攻击的潜在后果，认为自己不太可能成为目标。因此，他们可能会掉以轻心，忽略了安全问题。

5. 隐私问题

一些人对他们的个人隐私有一定的担忧，但他们可能不清楚如何保护自己的隐私。这可能导致他们在互联网上分享敏感信息。

（三）容易遭到黑客木马入侵

计算机网络系统的脆弱性和容易遭受黑客及木马入侵是当前网络安全领域的一大挑

战。以下是一些主要原因，它们使计算机网络容易受到这些威胁的影响：

1. 复杂性和漏洞

计算机网络系统通常是复杂的，包括许多不同的组件、软件和协议。这些复杂性为黑客提供了潜在的攻击面。此外，网络系统中的漏洞和安全弱点可能存在，黑客可以利用这些漏洞轻松入侵系统。

2. 社会工程和欺骗

黑客不仅仅利用技术漏洞，还使用社会工程和欺骗技巧。他们可能伪装成合法用户，通过欺骗方式获取访问权限或敏感信息。这种类型的攻击更依赖于人的行为和信任，而不是系统漏洞。

3. 未经验证的软件和应用

许多用户下载和安装未经验证的软件和应用程序，这些应用可能包含恶意代码或木马。用户可能不够警惕，轻易点击或下载来自不信任来源的内容，从而使系统受到威胁。

4. 弱密码和不安全的身份验证

一些用户使用弱密码或者在多个平台上使用相同的密码。这使黑客更容易猜测或破解密码，进而访问用户的账户和数据。

（四）专业网络技术人员专业能力有待提升

首先，网络系统的安全维护工作变得越来越复杂。随着网络攻击技术的不断演进，网络安全威胁变得更加隐蔽和具有欺骗性。黑客和恶意软件的攻击手段多种多样，包括零日漏洞利用、社会工程学攻击、勒索软件等。因此，网络技术人员需要不断提高他们的专业技能，以识别和应对新型威胁。

其次，网络技术人员需要更深入地了解网络安全的复杂性。这包括对网络协议、操作系统、网络拓扑和应用程序的深入理解。只有深入了解这些方面，他们才能更好地检测和防止潜在的风险。

再次，网络技术人员需要培养危机管理和应急响应的能力。当网络安全事件发生时，他们需要能够快速、有效地采取行动，以减少潜在的损害。这包括制订详细的应急计划、追踪事件的来源和影响，并采取适当的措施来应对事件。

最后，终身学习和不断更新知识是网络技术人员的必备素质。网络领域的知识和技术发展迅猛，过去的解决方案可能已经不再适用。因此，网络技术人员需要积极参加培训、研讨会和认证考试，以保持他们的技术水平和知识更新。

第四节　防火墙、入侵检测与安全策略

一、防火墙技术

（一）防火墙的类型

1.Packet Filtering Firewall（数据包过滤防火墙）

数据包过滤防火墙是最早的防火墙类型之一，其主要工作原理是根据预定义的规则检查网络数据包，以决定是否允许其通过或阻止。这种类型的防火墙主要基于数据包中的源 IP 地址、目标 IP 地址、源端口号、目标端口号等信息进行过滤。其特点包括：

（1）规则基础

数据包过滤防火墙的操作基础是一系列事先定义的规则。这些规则规定了哪些数据包是允许的，哪些是被拒绝的。

（2）效率

由于数据包过滤防火墙主要关注数据包的基本属性，因此在处理大量网络流量时通常非常高效。

（3）基本网络安全

尽管它是最基本的防火墙类型之一，但在提供基本网络安全保护方面非常有效，可以防止一些常见的网络攻击。

2.Stateful Inspection Firewall（状态检查防火墙）

状态检查防火墙，也被称为动态包过滤防火墙，不仅考虑单个数据包的属性，还考虑数据包与之前通信的状态。它具有以下特点：

（1）状态感知

与数据包过滤防火墙不同，状态检查防火墙能够追踪网络连接的状态。它了解哪些连接是已建立的、哪些是新的，以及哪些是与已知连接相关的。

（2）恶意行为检测

由于状态感知，状态检查防火墙能够检测到一些具有恶意行为的数据包，例如那些试图建立非法连接或绕过规则的数据包。

（3）连接表

状态检查防火墙通常维护一个连接表，记录了所有当前活动的网络连接，以便更好地进行数据包筛选。

3.Proxy Firewall（代理防火墙）

代理防火墙充当客户端和服务器之间的中间人。它接收来自客户端的请求，将其转发给服务器，并接收服务器的响应，然后将响应传递回客户端。这种方式可以隐藏内部网络结构，具有以下特点：

（1）应用层代理

代理防火墙工作在应用层，因此可以检查和控制应用层数据。它不仅检查网络报头信息，还查看应用层协议数据。

（2）隐私保护

由于代理服务器充当中间人，客户端和服务器之间的直接连接被防火墙代理所替代，从而隐藏了客户端的真实 IP 地址和服务器的真实位置。

（3）高度安全

代理防火墙提供了高度的安全性，因为它可以详细审查流量，并允许管理员实施更严格的访问控制策略。

4.Next-Generation Firewall（下一代防火墙）

下一代防火墙结合了传统防火墙和深度数据包检查技术，以提供更高级的安全性。其主要特点包括：

（1）应用程序识别

下一代防火墙能够识别和控制网络流量中的应用程序，而不仅仅是基于端口号进行过滤。这有助于更精确地控制应用程序访问。

（2）用户识别

它还能够识别网络上的用户，允许根据用户身份进行访问控制和策略实施。

（3）内容检查

下一代防火墙可以检查和过滤网络流量中的内容，以防止传输恶意软件、恶意代码和不良内容。

（4）威胁智能

下一代防火墙通常具备威胁智能，可以检测和抵御各种网络威胁，包括零日漏洞攻击、恶意软件传播等。

（5）集成性

它们通常集成了多种安全功能，如防火墙、入侵检测和防御系统（IDS/IPS）、虚拟专用网络（VPN）等，以提供全面的安全性。

（6）日志和报告

下一代防火墙能够生成详尽的日志和报告，帮助管理员了解网络流量和威胁情况，以便做出及时的决策和响应。

（7）自动化响应

它可以自动响应检测到的威胁，采取措施来隔离、清除或阻止恶意活动，从而减少对管理员的依赖。

（二）防火墙的配置和管理

防火墙的配置涉及规则的定义，规定了允许或拒绝哪些流量通过防火墙。管理防火墙需要定期更新规则、监控流量和日志，以及响应潜在的威胁。

1. 防火墙的配置

防火墙的配置是确保网络安全的关键步骤，它涉及定义规则和策略，以决定哪些流量可以通过防火墙，哪些需要被阻止。以下是防火墙配置的关键方面：

（1）规则定义

在配置防火墙时，首先需要定义规则集，这些规则决定了数据包的处理方式。规则可以基于源 IP 地址、目标 IP 地址、端口号、协议类型等因素进行定义。管理员必须仔细考虑哪些流量应该被允许，哪些应该被拒绝，以确保网络的安全性。

（2）策略制定

制定适当的策略是防火墙配置的重要部分。策略决定了防火墙如何处理不同类型的流量。例如，一个策略可以是允许内部网络的用户访问互联网，但不允许外部用户直接访问内部网络。

（3）网络拓扑考虑

防火墙的配置也需要考虑网络拓扑。管理员需要了解网络中各个子网之间的通信需求，以确保防火墙的规则不会阻碍合法的流量。

（4）规则的顺序

规则的顺序非常重要，因为它们按顺序逐个匹配。如果有多个规则与一个数据包匹配，那么将采用第一个匹配的规则。因此，管理员必须谨慎安排规则的顺序，以确保按照其意图进行处理。

（5）安全策略更新

网络环境和威胁不断变化，因此防火墙的规则需要定期更新。管理员应该跟踪最新的威胁情报和安全建议，以调整防火墙规则，确保网络的持续安全性。

2. 防火墙的管理

防火墙的管理是保持其有效性和安全性的关键。以下是管理防火墙的一些重要方面：

（1）规则维护

管理员需要定期审查和维护防火墙的规则集。过时的规则可能导致网络不安全或效率低下。应删除不再需要的规则，并添加新的规则以适应变化的需求。

（2）监控流量

实时监控通过防火墙的流量是必要的，以便快速检测潜在的威胁或异常活动。防火墙通常提供日志记录功能，管理员应定期检查日志以识别异常事件。

（3）漏洞管理

及时修补防火墙上的漏洞和安全补丁至关重要。未修补的漏洞可能被黑客利用，威胁网络安全。

（4）应急响应

如果发生安全事件，管理员必须迅速采取行动来应对威胁。这可能包括隔离受感染的系统、更新规则以阻止攻击并收集证据以进行调查。

二、入侵检测系统

（一）入侵检测系统的工作原理

入侵检测系统（Intrusion Detection System，简称 IDS）是网络安全的重要组成部分，其工作原理是基于监视、分析和比较网络或主机上的数据流量或事件日志，以识别潜在的攻击或异常行为。

入侵检测系统可以采用以下两种主要方式进行工作：第一，实时检测。实时入侵检测系统会连续监控网络流量和事件，以便迅速检测并响应潜在的攻击。它通过不断地分析数据包、日志和事件来查找与已知攻击模式或异常行为匹配的模式。当系统检测到异常或可疑活动时，它会触发警报或采取预定的响应措施，例如阻止流量或通知安全团队。第二，事后分析。事后入侵检测系统不会实时响应，而是将数据流量和事件日志记录下来，以供后续分析。管理员可以使用事后分析工具来检查已记录的数据，查找攻击迹象或异常行为。这种方式适用于对网络流量进行详细分析，以发现以前未知的攻击模式或威胁。

工作原理的关键在于用入侵检测系统的能力来识别异常行为或攻击模式，这通常依赖于事先定义的规则、特征或模型。以下是入侵检测系统的一些常见工作原理：第一，特征匹配。入侵检测系统会与已知攻击的特征进行比较，如果流量或事件中存在与这些特征匹配的内容，系统将发出警报。第二，行为分析。系统会分析主机或网络的正常行为模式，并检测与之不符的行为。这有助于发现未知的攻击或异常行为。第三，统计分析。入侵检测系统可以利用统计方法来检测异常，例如检测特定协议或端口上的异常流量。第四，机器学习。一些先进的入侵检测系统使用机器学习算法来自动学习和识别新的攻击模式，而不仅仅是依赖已知特征。

（二）入侵检测系统的挑战与优势

入侵检测系统在网络安全中起着重要作用，但它们也面临一些挑战和具有一些优势。

1. 挑战

（1）误报率高

入侵检测系统可能会产生误报，即将正常行为错误地标记为攻击。这可能导致管理员在处理大量的虚警时浪费时间和资源。

（2）难以检测新型威胁

对于以前未知的攻击模式，入侵检测系统可能无法及时识别，因为它们依赖于已知的特征或规则。

（3）需要定期更新检测规则

攻击者不断改进攻击技术，因此检测规则需要定期更新，以适应新的威胁。

2. 优势

（1）及时发现攻击

入侵检测系统可以及时检测到潜在的攻击，使安全团队能够迅速采取行动来应对威胁，从而减少潜在的损害。

（2）监视内部和外部威胁

入侵检测系统可以监视网络内部和外部的威胁，包括内部恶意行为或外部攻击，有助于提高全面的威胁感知和应对能力。

（3）可与防火墙协同工作

入侵检测系统可以与防火墙等其他安全设备协同工作，协调应对措施，增强网络的整体安全性。

（4）日志记录和取证

入侵检测系统通常会记录流量和事件，这有助于进行取证和调查，以便追踪攻击来源和行为。

（5）合规性要求

许多合规性框架和法规要求组织使用入侵检测系统来监视和保护其网络，以确保数据安全和隐私合规性。

三、网络安全策略与实施

（一）身份验证和访问控制

身份验证和访问控制是网络安全的基本要素之一。在实施和执行网络安全策略时，以下是一些关键方面：

1. 强密码策略

组织应该建立强密码要求，确保员工设置复杂、难以猜测的密码。密码应包括字母、数字和特殊字符，并定期要求更改密码。

2. 多因素身份验证

采用多因素身份验证方法，例如密码与生物特征、硬件令牌或手机应用程序相结合，以增加访问安全性。

3. 访问控制

为员工分配适当的权限，即最小特权原则，以确保他们只能访问其工作职责所需的资源。定期审查和更新访问权限，以适应员工职责的变化。

（二）数据加密

数据加密对于保护敏感信息至关重要。以下是相关实施和执行策略：

1. 数据传输加密

使用安全传输协议（例如 TLS/SSL）对敏感数据进行加密，以防止数据在传输过程中被窃听或篡改。

2. 数据存储加密

对存储在本地设备、服务器或云中的敏感数据进行加密，以保护数据在存储时的安全。

（三）漏洞管理

1. 漏洞扫描

漏洞管理的首要任务是定期扫描网络和应用程序，以检测潜在的漏洞和安全弱点。这一步骤通常涉及使用漏洞扫描工具，这些工具会模拟潜在的攻击，寻找可能的漏洞。扫描可以是内部扫描，即在组织内部执行，也可以是外部扫描，模拟来自外部的攻击。

内部扫描用于检查内部网络、系统和应用程序的漏洞。这有助于发现内部威胁和不良行为。外部扫描则主要针对外部威胁，模拟外部黑客或恶意用户的攻击。

漏洞扫描通常包括以下关键步骤：第一，目标确定。明确定义需要扫描的网络、系统或应用程序。第二，扫描执行。使用漏洞扫描工具执行扫描，收集与目标相关的信息。第三，漏洞识别。扫描工具识别可能的漏洞和弱点，并为每个漏洞分配严重性等级。第四，报告生成。生成详细的扫描报告，包括漏洞的描述、位置和建议的修复措施。第五，修复计划。根据扫描结果，建立漏洞修复计划，确定哪些漏洞需要首先处理。

2. 漏洞评估

一旦漏洞扫描完成，接下来是漏洞评估。在这一阶段，漏洞的严重性和影响会得到评估，以确定哪些漏洞需要首先解决。漏洞评估的关键目标是确定漏洞对组织的潜在风险及可能的影响。评估通常包括以下步骤：第一，漏洞分类。根据漏洞的性质和严重性，将它们分类为高、中、低等级。第二，漏洞分析。对每个漏洞进行详细分析，包括了解它如何被利用、潜在的损害程度及可能的扩散路径。第三，优先级排序。根据漏洞的分类和分析，确定哪些漏洞需要首先解决。通常情况下，高风险漏洞将被置于首位。

3. 及时修补或更新

一旦漏洞评估完成，即确定了哪些漏洞需要优先处理，接下来就是及时修补或更新。这意味着采取措施来减少被攻击的风险。这一过程包括：第一，修复计划制订。为每个漏洞建立修复计划，包括负责人、时间表和资源分配。第二，漏洞修复。根据修复计划，执行漏洞修复措施。这可能包括应用程序或系统的更新、补丁的安装等。第三，测试和验证。确保修复措施的有效性，并测试它们是否引入新的问题或漏洞。第四，监控和报告。定期监控系统，以确保修复措施有效，并及时报告新的漏洞或问题。

4. 建立漏洞管理流程

为了有效地执行漏洞管理策略，组织需要建立漏洞管理流程。这一流程包括漏洞扫描、漏洞评估、修复计划制订和漏洞修复等环节。建立流程有助于确保漏洞得到适当处理，以降低网络安全风险。

（四）员工培训和教育

员工教育和培训对于增强网络安全意识至关重要。以下是实施和执行策略的要点：

1. 网络安全培训

网络安全培训是组织增强员工网络安全意识的关键工具。培训计划应该包括以下方面：

（1）威胁认识

员工应该了解不同类型的网络威胁，包括恶意软件、病毒、勒索软件、社会工程等。他们需要学会识别威胁的迹象，如可疑的电子邮件、不明链接等。

（2）密码和身份验证

员工应该了解创建和管理强密码的重要性，以及多因素身份验证的原理。他们还应该学会安全地保管和分享密码。

（3）数据保护

培训应该强调敏感数据的重要性，包括客户信息、公司机密和财务数据。员工需要了解如何妥善处理、存储和传输这些数据。

（4）安全浏览和下载

员工应该学会如何安全地浏览互联网，避免访问恶意网站或下载潜在的恶意文件。他们需要了解常见的网络陷阱，如钓鱼网站和恶意附件。

（5）报告安全事件

培训计划还应教育员工如何报告安全事件和疑似威胁。他们应该知道与安全团队联系的途径，并了解报告的流程。

（6）合规性和法规

如果组织受制于特定的合规性要求或法规，员工应该了解相关规定，以确保组织遵守法律法规。

2. 模拟演练

模拟演练是测试员工网络安全意识和应对能力的有效方式。这些演练可以模拟不同类型的网络攻击和威胁，以便员工学会如何应对。以下是一些关键要点：

（1）演练类型

演练可以包括模拟钓鱼攻击、社会工程攻击、勒索软件攻击等。不同类型的演练可以帮助员工熟悉各种威胁。

（2）定期性

演练应该定期进行，以确保员工的反应能力保持在高水平。定期演练还有助于识别漏洞和改进培训计划。

（3）反馈和改进

每次演练后，应该提供反馈和建议，帮助员工改进其应对策略。这也包括识别需要进一步培训的领域。

（4）综合评估

演练的结果应该被纳入综合的网络安全评估中。这有助于组织了解员工的表现，并采取必要的措施来加强网络安全。

（五）监控和日志记录

监控和日志记录是及时发现和应对安全事件的关键。以下是实施和执行策略的要点：

1. 网络监控系统：

网络监控系统是一种关键的安全措施，用于实时监视网络流量和系统活动。以下是相关策略的要点：

（1）实时监控

部署实时网络监控工具，监测网络流量和系统活动。这些工具能够及时检测异常行为，如大规模数据传输、不明连接请求等。

（2）威胁检测

配置网络监控系统以检测潜在的威胁，如恶意软件传播、入侵尝试和异常登录行为。这些检测规则应该不断更新，以适应新兴的威胁。

（3）流量分析

监控工具应该能够对网络流量进行深入分析，以便识别不寻常的模式或异常活动。这有助于快速发现潜在的威胁。

（4）警报系统

设置警报系统，当网络监控系统检测到异常活动时，立即发出通知。这使安全团队能够迅速响应并采取措施。

2. 安全事件日志

安全事件日志记录是网络安全的重要组成部分，以下是相关策略的要点：

（1）日志记录要求

确保所有关键系统、应用程序和网络设备都启用了日志记录功能。这包括防火墙、服务器、路由器、交换机等。

（2）事件分类

对安全事件进行分类，包括登录尝试、访问控制变更、异常流量检测等。这有助于识别潜在的威胁类型。

（3）日志存储

确保日志文件定期存储在安全的位置，并采取措施保护其免受未经授权的访问。合规性和法规可能对日志存储有具体要求。

（4）日志分析工具

部署日志分析工具，以便快速搜索、过滤和分析大量的日志数据。这些工具可以帮助发现不寻常的模式和异常事件。

（5）审查流程

建立审查日志的流程，以便在发生安全事件时进行调查和响应。安全团队应该能够追溯事件的来源和影响。

（六）灾备和业务连续性计划

建立灾备和业务连续性计划是应对网络攻击或灾难事件的关键措施。以下是实施和执行策略的要点：

1. 灾备计划

灾备计划是一种关键的网络安全策略，旨在确保在灾难事件中能够保护和恢复关键数据和系统。以下是相关策略的要点：

（1）数据备份策略

制定详细的数据备份策略，包括定期备份、备份的存储位置和备份介质的类型。关键数据应定期离线备份，以防止在线存储遭到破坏。

（2）备用数据中心

建立备用数据中心或云存储解决方案，以确保在主要数据中心遭到破坏或无法访问时，能够迅速切换到备用设施。

（3）数据完整性

实施数据完整性检查机制，以确保备份数据的一致性和完整性。验证备份数据的可用性，并定期进行恢复测试。

（4）紧急通信计划

建立紧急通信计划，确保在灾难事件中可以与关键人员和团队保持联系。这包括应急通信设备和通信流程。

2. 业务连续性计划

业务连续性计划旨在确保在网络攻击或灾难事件中能够维持业务运作。以下是相关策略的要点：

（1）业务流程识别

识别和优先级排列关键业务流程，以确定哪些流程需要持续运行，并为其制订相应的恢复计划。

（2）备用设施

建立备用办公室或工作场所，以便员工能够继续工作。这些备用设施应具备所需的基础设施和通信设备。

（3）人员调配

确定关键岗位和人员，建立人员调配计划，确保在灾难事件中有足够的人员资源来维护业务运作。

（4）供应链管理

评估供应链中的风险，并与供应商建立紧密的合作关系，以确保供应链的连续性。

业务流程监控：实施业务流程监控，以实时监视关键业务流程的运行情况，并及时采取措施来解决问题。

第八章　未来网络技术与发展趋势

第一节　软件定义网络（SDN）与网络创新

软件定义网络（Software Defined Network，SDN）是一种颠覆性的网络技术，它将网络的控制平面和数据平面分离，通过集中的控制器来管理和编程网络设备，从而实现网络的灵活性和可编程性。SDN 的核心思想是将网络设备（如交换机和路由器）的控制逻辑从硬件中抽象出来，以软件的方式实现，这使得网络管理更加灵活、智能化和可自动化。

SDN 技术为网络创新提供了广泛的机会和潜力，以下是一些 SDN 在不同领域的应用示例：

一、数据中心网络优化

在当今数字化时代，数据中心是企业和服务提供商的关键组成部分。SDN 技术在数据中心网络优化方面发挥了重要作用：

（一）流量工程

SDN 允许管理员根据网络负载情况自动调整流量路径，以避免拥塞并提高网络性能。SDN 的核心思想是通过集中式控制器来实时监测数据中心内部的流量，并根据流量负载情况智能地分配流量，以确保数据中心的吞吐量最大化。

1. 集中式流量管理

SDN 架构中的控制器充当网络流量的大师，可以全面了解数据中心网络的状态。这使得管理员能够更好地规划和管理网络流量，实现数据中心内各个设备之间的协调工作。

2. 智能路径选择

SDN 控制器可以根据实时监测的流量负载情况智能选择最佳的数据路径。这意味着即使在高负载时期，数据中心网络也能够提供低延迟和高性能的连接，确保应用程序的可用性和响应速度。

（二）负载均衡

SDN 控制器不仅可以调整流量路径，还可以实现负载均衡，将传入请求引导到最佳可用服务器，以提高服务的可用性和性能。

1. 动态流量分发

SDN 可以监测服务器的负载情况，并动态地将请求分配到具有最低负载的服务器上。这确保了服务器资源的均衡利用，防止某台服务器过度负载。

2. 故障恢复

SDN 还可以检测到服务器故障并将流量重定向到可用的服务器，从而确保了服务的连续性。这种自动故障恢复功能有助于减少停机时间，提高了用户体验。

（三）资源分配的灵活性

SDN 允许管理员根据需要分配网络资源，实现资源的灵活管理。这对于数据中心来说尤为重要，因为它们需要应对不断变化的工作负载和流量需求。

1. 带宽分配

SDN 可以根据需要分配带宽，以应对高峰流量。例如，在某个时间段内，某个应用程序可能需要更多的带宽以提供高质量的服务。SDN 可以实时调整带宽分配，以满足这种需求。

2. 计算资源分配

除了带宽，SDN 还可以管理计算资源的分配。这意味着管理员可以根据工作负载需求来动态分配虚拟机或容器，以确保应用程序能够获得足够的计算资源。

二、广域网优化

在一个全球互联的世界中，广域网（WAN）连接不同地点的企业分支机构和数据中心。SDN 在广域网优化中的应用可以带来以下好处：

（一）带宽动态分配

SDN 技术可以根据流量需求实时调整广域网连接的带宽。这意味着企业可以根据需要灵活分配带宽，以确保重要应用的性能，并减少不必要的带宽浪费。

1. 带宽智能分配

SDN 的集中式控制器可以实时监测广域网连接上的流量负载。当某个分支机构或应用需要更多带宽时，SDN 可以自动调整带宽分配，以满足这些需求。这种智能分配使得关键业务应用能够保持高性能，而不会受到网络拥塞的影响。

2. 减少带宽浪费

传统的 WAN 连接可能会分配固定带宽，这导致了带宽的浪费。SDN 允许根据实际需求进行带宽分配，避免了不必要的资源浪费，从而降低了网络运营成本。

（二）服务质量（QoS）的提升

SDN 允许网络管理员为不同类型的流量分配不同的服务质量。这意味着可以确保关键应用程序的高性能，例如语音通话或视频会议，而不会受到其他流量的干扰。

1. 流量分类

SDN 可以对流量进行智能分类，将其划分为不同的服务等级。例如，语音和视频流可以被标记为高优先级，确保它们在网络上获得足够的带宽和低延迟，以提供良好的用户体验。

2. 动态 QoS 调整

SDN 允许管理员根据实际需求动态调整服务质量。如果网络出现拥塞或性能下降，SDN 可以自动调整 QoS 策略，以确保关键应用的性能不受影响。

三、智能边缘网络

边缘计算和物联网（IoT）的发展已经将网络推向了网络边缘，SDN 可以在智能边缘网络中发挥关键作用：

（一）物联网设备的连接和协作

1. SDN 的连接管理

SDN 技术可以用于管理和优化物联网设备的连接。智能边缘设备可以通过 SDN 控制器进行集中管理，管理员可以实时监控设备的状态并进行远程配置。这有助于确保设备的可用性和性能。

2. 设备之间的协作

智能边缘网络通过 SDN 技术促进了物联网设备之间的协作。设备可以通过网络进行通信和信息共享，从而实现更智能的决策和操作。例如，在智能城市中，交通信号灯可以与汽车传感器协作，实现交通流的优化和拥堵的减少。

3. 边缘计算

智能边缘网络通常与边缘计算相结合，允许设备在本地处理数据和执行计算任务。这降低了数据传输的延迟，并减轻了中心数据中心的负担。SDN 可以协助管理边缘计算资源，确保计算任务能够高效执行。

（二）网络切片

网络切片是一项革命性的虚拟网络技术，它基于 SDN（软件定义网络）和 NFV（网络功能虚拟化）原理，允许将物理网络划分为多个独立的、虚拟的网络实例，每个实例都具有独立的资源分配、策略和安全性配置。这种技术的出现改变了传统网络的刚性结构，使网络更加灵活、可定制和适应不同的应用需求。

SDN 技术在网络切片的创建和管理中扮演了关键角色。SDN 架构通过将控制平面和数据平面分离，使网络管理者能够通过中央控制器对网络流量进行智能调度和管理。这为网络切片的实现提供了技术支持，具体体现在以下几个方面：

1. 集中式控制

SDN 的核心是集中式控制器，它负责整个网络的管理和配置。在网络切片中，这个控制器可以用来动态配置网络资源，创建、调整和删除网络切片，以及实施网络策略。集中式控制使网络管理员能够通过单一的管理界面对整个网络进行管理，而不需要逐个配置每个网络设备。这提高了网络管理的效率和灵活性，特别是在多网络切片的情况下，集中式控制变得尤为重要。

2. 流量工程

SDN 允许网络管理员实时监控网络中的流量情况，并根据需要对流量进行智能引导，以避免网络拥塞和性能下降。这对于网络切片中的不同应用场景至关重要，因为不同应用可能需要不同的带宽和延迟要求。通过集中式控制器，SDN 可以动态调整流量路径，确保网络中的流量按照最佳路径传输，从而提高了网络性能和吞吐量。此外，流量工程还可以帮助实现负载均衡，确保各个网络切片的流量分布均匀，不会造成资源浪费。

3. 资源分配和调整

SDN 使网络资源的分配变得灵活。网络管理员可以根据网络切片的需求动态分配带宽、计算和存储资源，以确保每个网络切片都能够获得足够的资源支持。这意味着可以根据应用的需求临时分配更多的带宽或计算资源，以应对高峰流量或特定工作负载的要求。资源的动态分配和调整提高了网络的资源利用率，减少了资源浪费，同时确保了网络切片的性能和可用性。

第二节 物联网技术与应用

物联网（Internet of Things，IoT）是指将各种物理设备、传感器和物体连接到互联网，使它们能够相互通信和共享数据。物联网技术包括传感器技术、嵌入式系统、网络通信和云计算等组成部分。物联网已经在多个应用领域取得突破性进展，包括以下领域：

一、智能家居

物联网允许家庭设备如智能灯具、恒温器、家用电器和安全系统连接到互联网，实现远程控制和自动化。这意味着用户可以通过智能手机或其他设备控制家居设备，无论他们身在何处。例如，用户可以远程控制家中的照明和温度，或者通过智能门锁控制家庭安全。智能家居不仅提高了生活的便利性，还可以实现能源节约和环境保护。

（一）物联网技术在智能家居中的应用

智能家居是物联网技术的杰出应用领域之一，将家庭设备与互联网连接，为用户提供了更智能、便利的生活方式。以下是物联网技术在智能家居中的应用方面的详细探讨。

1. 远程控制

物联网技术使用户能够远程控制家庭设备，无论他们身在何处。通过智能手机、平板电脑或电脑应用程序，用户可以实时监控和控制家中的各种设备，例如智能灯具、智能插座、智能电视等。这意味着用户可以在外出或度假期间调整家庭设备，以满足不同的需求和情境。

2. 自动化与智能化

物联网技术使智能家居设备能够学习用户的习惯和偏好，从而自动化执行各种任务。例如，智能恒温器可以根据用户的日常生活模式自动调整温度，以提供舒适的居住环境并节省能源。智能家电可以根据电能需求优化能源利用率，使能源消耗最小化。这种自动化和智能化改善了生活质量，同时也有助于减少资源浪费。

3. 安全系统

物联网技术也在智能家庭安全方面发挥了关键作用。智能家居可以配备智能摄像头、门窗传感器、烟雾探测器等设备，这些设备可以实时监控家庭的安全状况。当检测到异常情况时，智能安全系统可以向用户发送警报并提供实时视频监控。用户还可以通过智能手机或计算机随时远程监控家中的安全状况，从而提高家庭安全性。

（二）智能家居的优势与面临的挑战

1. 优势

（1）生活便利性

智能家居提供了前所未有的生活便利性。用户可以通过手机应用程序一键控制家中的设备，而不必亲自到每个设备旁边进行操作。这使得家庭设备的管理变得更加高效和便捷。

（2）能源节约

智能家居设备可以根据用户的需求和生活习惯自动调整能源使用，以最大程度地节约能源。这不仅降低了家庭能源费用，还有助于减少对能源资源的需求，有益于环境保护。

（3）安全性提升

智能家庭安全系统可以实时监控家庭的安全状况，并及时报警。这有助于提高家庭的安全性，防止潜在的入侵或事故。

2. 面临的挑战

（1）隐私问题

智能家居设备需要收集和传输数据，包括用户的生活习惯和行为。这引发了隐私问题，用户担心他们的个人信息可能被滥用或泄露。

（2）安全漏洞

物联网设备常常成为网络攻击的目标，因为它们可能存在安全漏洞。如果不妥善保护这些设备，黑客可能会入侵家庭网络，威胁用户的隐私和安全。

（3）成本问题

购买和安装智能家居设备可能需要一定的成本，这对一些用户来说可能是一种负担。此外，不同厂商的设备可能不兼容，需要用户购买同一生态系统的设备，增加了投资成本。

（三）未来智能家居的发展趋势

未来智能家居领域有着广阔的发展前景，以下是一些可能的发展趋势：

1. 人工智能和机器学习的应用

未来的智能家居设备将更加智能化，具备更高的自主学习和决策能力。通过整合人工智能和机器学习算法，设备可以更好地适应用户的行为和需求，提供更个性化的服务。例如，智能家居系统可以自动调整照明和温度，以满足用户的偏好，而不需要手动设置。

2. 互联互通性的提高

未来的智能家居设备将更加互联互通，不受制于特定厂商或生态系统。标准化的通信协议和互操作性标准将推动不同品牌的设备能够无缝集成，使用户能够更自由地选择和组合设备。

3. 能源效率和可持续性

未来的智能家居将更加关注能源效率和可持续性。智能家居设备将采用节能技术，例如更高效的能源管理和可再生能源的利用。这将有助于降低家庭的碳足迹，促进可持续生活方式发展。

4. 安全和隐私保护

随着智能家居设备的普及，安全和隐私保护将成为焦点。未来的设备将采用更强大的安全措施，以防止黑客入侵和数据泄露。同时，政府和监管机构可能会颁布更严格的法规，以保护用户的隐私权。

5. 定制化体验

未来的智能家居将更加注重用户体验的定制化。用户将能够根据其个人需求和偏好自定义智能家居系统，从而获得最适合他们生活方式的解决方案。

二、智能城市

智能城市利用物联网技术来监测和管理城市基础设施，包括交通管理、环境监测、垃圾处理等。通过传感器和数据分析，城市可以实现实时监测交通流量，优化交通信号，减少交通拥堵。此外，环境传感器可以监测空气质量、水质和噪声水平，帮助城市管理者更好地维护环境和保护居民的健康。智能城市的发展旨在提高城市的效率、可持续性和居民的生活质量。

（一）智能城市的基本概念

智能城市是指利用信息与通信技术（ICT）及物联网（IoT）等先进技术，对城市的各个方面进行监测、分析和管理，以提高城市的效率、可持续性和生活质量。智能城市的核心目标是将城市的基础设施与信息技术相融合，从而实现更智能、更高效的城市管理和服务。

智能城市的基本特征包括：

1. 物联网设备

在城市各个角落部署传感器和设备，用于监测环境、交通、能源等方面的数据。

2. 数据分析

收集的数据经过分析和处理，用于优化城市运营和提供居民服务。

3. 城市管理

利用数据和信息技术来改善城市规划、交通管理、公共安全等领域。

4. 可持续性

通过智能技术来减少资源浪费、降低碳排放，推动城市可持续发展。

5. 居民参与

通过数字平台，居民更加乐于参与城市决策和问题解决过程。

（二）智能城市的应用领域

1. 交通管理

智能城市利用传感器和数据分析技术来监测交通流量、道路状况和停车情况。这些数据可用于优化交通信号，改善道路使用效率，减少交通拥堵。智能城市还提供了智能公共交通系统，让居民更轻松地规划出行。

2. 环境监测

环境传感器在智能城市中起着关键作用，它可以监测空气质量、水质、噪声水平等环境参数。城市管理者可以根据这些数据采取措施来改善环境质量，减少污染，提高居民的生活质量。

3. 垃圾处理

智能城市通过智能垃圾桶和垃圾车来提高垃圾处理的效率。这些设备可以自动收集数据，优化垃圾收集路线，减少垃圾处理的成本。

4. 能源管理

智能城市采用能源管理系统，监测能源使用情况，并采取措施来提高能源效率。这包括智能照明系统、智能建筑和可再生能源的利用。

5. 公共安全

智能城市通过视频监控、紧急响应系统和预测性分析来提高公共安全。这有助于减少犯罪率、更快地应对紧急事件，并提供更安全的城市环境。

三、工业物联网（IIoT）

在制造业中，工业物联网（Industrial Internet of Things，IIoT）正在推动生产方式的革命性变革。物联网可以将生产设备、机器人和传感器连接到互联网，实现远程监控、数据分析和自动化控制。这有助于优化生产流程、预测设备故障、提高生产效率和质量。制造企业可以实现更快的生产速度、更低的成本和更高的生产可靠性。IIoT 还可以改善供应链管理，确保原材料的及时供应和产品的按时交付。

（一）工业物联网（IIoT）的基本概念

工业物联网（IIoT）是指将物联网技术应用于制造业领域，通过连接和集成各种生产设备、传感器和控制系统，实现生产过程的数字化、自动化和智能化。IIoT 的核心目标是改善制造业的生产效率、质量控制、设备维护及供应链管理。

IIoT 的基本特征包括：

1. 设备连接

在工厂和生产环境中部署传感器和智能设备，以监测设备状态、生产参数和环境条件。

2. 实时数据

收集实时数据，包括生产数据、设备性能数据和质量数据，以便进行分析和决策。

3. 自动化控制

基于数据分析结果，实现设备自动控制和生产流程的优化。

4. 预测性维护

利用数据分析和机器学习技术来预测设备故障，并采取预防性维护措施，减少停机时间。

5. 供应链优化

通过实时数据共享和协作，改善供应链的可见性和效率，确保原材料的及时供应和产品的按时交付。

（二）工业物联网的应用领域

1. 生产过程优化

IIoT 可以实时监测生产过程中的各种参数，如温度、湿度、压力和振动。通过分析这些数据，制造企业可以发现生产过程中的潜在问题，及时调整生产参数，提高产品质量，并减少废品率。

2. 设备健康监测

工业物联网可以监测生产设备的运行状态，包括电机、传动系统、液压装置等。通过分析设备传感器的数据，企业可以预测设备故障，采取维护措施，降低停机时间和维修成本。

3. 资产管理

IIoT 技术可以帮助企业跟踪和管理资产，包括设备、工具和库存。通过实时数据和位置跟踪，企业可以确保资产的有效利用，降低损耗和丢失。

4. 质量控制

工业物联网可以帮助企业实现更严格的质量控制。通过监测生产过程中的各种参数，企业可以及时发现质量问题，采取纠正措施，确保产品符合质量标准。

5. 供应链管理

IIoT 可以改善供应链的可见性和协作。企业可以实时跟踪原材料和零部件的运输，优化库存管理，并协调各个供应链环节，以确保生产计划的顺利执行。

四、医疗保健

医疗保健是另一个受益于物联网技术的领域。IoT 设备如健康监测器、医疗传感器和远程医疗设备可以用于监测患者的健康状况、远程医疗诊断和药物管理。患者可以使用便携式设备来监测他们的生命体征，如心率、血压和血糖水平，并将数据传输给医疗专家进行远程监控。这可以提高医疗服务的可及性，减少医疗资源的浪费。此外，物联网还可以用于药物管理，提醒患者按时服药，从而提高了治疗的效果。

（一）医疗保健中的物联网应用

医疗保健领域利用物联网技术可以实现以下关键应用：

1. 健康监测

物联网设备如智能手表、健康传感器和便携式监测器可以监测患者的生命体征，如心率、血压、体温和血糖水平。这些数据可以实时传输到医疗专家的系统中，医生可以随时远程监测患者的健康状况。

2. 远程医疗诊断

物联网技术使医生能够进行远程医疗诊断。通过视频会议和医疗设备的远程控制，医生可以与患者进行互动，给出诊断和治疗建议，而无需亲临医院。

3. 药物管理

智能药盒和药物提醒器可以帮助患者按时服药。这些设备会提醒患者服药时间，记录药物的服用历史，并与医生共享药物管理信息。

（二）优势和挑战

1. 优势

（1）提高医疗服务的可及性

物联网技术可以消除地理距离，使医疗服务更容易获得。患者可以在家中接受远程医疗诊断，减少了医院排队和等待时间。

（2）实时监测和早期预警

健康监测设备可以实时监测患者的生命体征，帮助医生及时发现潜在问题，并采取行动。这有助于早期诊断和治疗，提高了治疗的成功率。

（3）资源节约

远程医疗诊断和药物管理可以减少医院和诊所的负担，降低了医疗资源的浪费。此外，患者的住院时间也可以减少，从而降低了医疗费用。

2. 挑战

（1）隐私和安全问题

医疗数据的传输和存储可能涉及敏感信息，因此需要高度的数据隐私和安全保护。防止数据泄露和未经授权的访问是一个重要挑战。

（2）技术标准和互操作性

不同制造商的医疗设备和系统可能采用不同的通信协议和数据格式，因此需要制定技术标准和提高设备之间的互操作性。

（3）医疗专业人员的培训

医疗专业人员需要适应新的远程医疗技术和设备，因此培训成本和时间可能是一个挑战。

五、动态社区检测算法

动态社区检测算法为实现复杂网络的快速分析，提出一种基于聚类质量的改进增量式非负矩阵分解（INMF）算法，将其用于动态社区检测。其从理论分析角度证明了演化谱聚类、INMF 和模块密度优化之间的等价性，并基于该等价性，在不增加时间复杂度的前提下，通过在 INMF 中加入先验信息给出一种半监督 INMF 算法。其在人工构造和真实世界的动态网络上的实验结果表明，与 QCA、MIEN 算法相比，该算法的社区检测质量和社区检测效率更优。

（一）基于 CQ 的聚类算法等价性描述

1. 基于 CQ 的聚类算法分析

基于聚类时间（ClusteringTime，CT）的定义，可利用聚类质量指标对聚类算法的等价性进行定义。利用前一时间步长网络及当前网络聚类结果的一致性进行定义，图 8-1 表示了在 t-1 和 t 时刻网络间的节点连接及节点间的权重（暂不考虑虚线部分）。由于聚类只考虑将同类的节点归类，因此图中虚线清晰地将 t-1 和 t 时刻的聚类结果进行表示，而没有考虑节点间的权重。

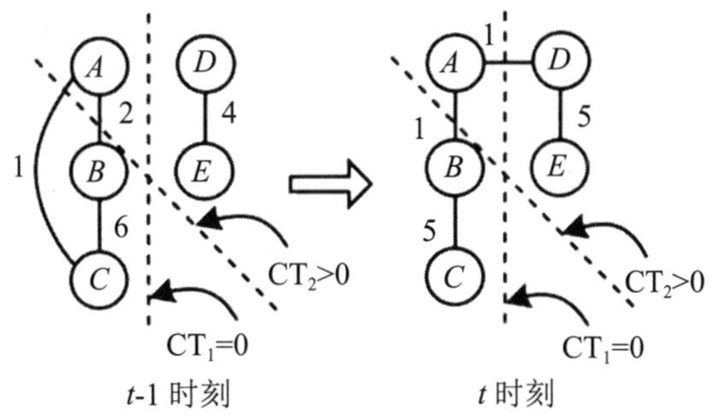

图 8-1 基于 CQ 的聚类过程

在该算法中，前一时间步的局部社区用于指导当前时间进一步的社区发现，并证明改进增量式非负矩阵分解、演化谱聚类和模块密度优化在该过程中的等价性。虽然它们看似无关，但在轨迹优化方面是等价的，其关键问题是如何将目标函数转化为轨迹优化。在 CQ 算法框架中，CT 表示当前划分对历史数据的聚类程度。

2. 演化谱聚类

演化谱聚类是一种用于发现动态网络中社区结构的方法。它与 CQ 算法框架等价，尽管它们看似无关，但在轨迹优化方面是等价的。演化谱聚类的关键问题是如何将目标函数转化为轨迹优化。

3. 模块密度优化

模块密度优化是另一种用于发现社区结构的方法，它也与 CQ 算法框架等价。模块密度优化的关键问题是如何将目标函数转化为轨迹优化。

4. 改进增量式非负矩阵分解

改进增量式非负矩阵分解是一种用于进行图像挖掘的有效模式。它旨在通过将目标矩阵近似为两个低秩矩阵的乘积来学习原始数据的表示。虽然改进增量式非负矩阵分解与 CQ 算法框架在表面上看起来不相关，但它们在轨迹优化方面是等价的。

（二）半监督 INMF 算法

1. 半监督局部社区聚类发现

半监督 INMF 算法采用了半监督学习的方法，以实现更准确的局部社区聚类发现。这个算法通过结合有标签的数据和未标签的数据，可以更好地挖掘网络中的潜在社区结构。

半监督学习是一种机器学习方法，它使用了部分有标签的数据和大量未标签的数据。在半监督 INMF 算法中，已知的社区成员节点被视为有标签的数据，而未知的社区成员节点则被视为未标签的数据。通过利用这两类数据，算法可以更好地识别和聚类社区成员节点，提高了聚类的性能和准确性。

2. 动态社区发现

半监督 INMF 算法不仅支持静态社区发现，还具备动态社区发现的能力。这意味着算法可以在不同时间进一步中发现网络的演化社区结构。

许多实际网络都是动态的，它们的拓扑结构和社区成员在不同时间进一步中都会发生变化。半监督 INMF 算法可以在这些动态网络中实时地检测社区的演化。通过分析网络的时间序列数据，算法可以追踪社区成员的变化和社区结构的演化，从而更好地理解网络的发展趋势。

3. 参数选择

半监督 INMF 算法需要合适的参数设置，参数选择对于算法的性能至关重要。

在使用半监督 INMF 算法时，我们需要选择合适的参数，如聚类的数量、学习率等。这些参数的选择可以影响算法的性能和准确性。半监督 INMF 算法提供了一种自动参数选择的方法，通过交叉验证或其他技术来确定最佳参数配置。这有助于用户在不同的应用场景中获得最佳的聚类结果。

4. 计算复杂度分析

半监督 INMF 算法的计算复杂度分析有助于理解算法的运行效率和资源需求。

半监督 INMF 算法的计算复杂度取决于网络的规模、数据量和参数设置。通过对算法的计算复杂度进行分析，我们可以评估算法的运行时间和资源消耗。这有助于确定算法是否适用于大规模网络和资源受限的环境。

（三）实验结果与分析

1. 实验环境设置

在实验中，我们使用了以下硬件配置作为实验平台：CPU 型号为 i5-6200k，内存大小为 16GB DDR4-2400，操作系统为 Windows 7 旗舰版。我们的实验模型分为两组：一组是

具有静态属性的社区发现模型，另一组是具有动态属性的社区发现模型。以下是我们选用的具体实验模型：

具有静态属性的社区发现模型包括微博网络（Polblogs）、海豚网络（Dolphins）、新陈代谢网络（Cel）、爵士乐网络（Jazz）、邮箱网络（Email）、足球社网络（Football）、空手道网络（Karate）等。

具有动态属性的社区发现模型包括 arXive-print 网络和 Enron Email 网络。

为了进行对比试验，我们选择了多个社区发现算法，包括 CNM 算法、GN 算法、LPA 算法、Spin-glass 算法、Similarity 算法、NEC 算法、QCA 算法以及 MIEN 算法。

2. 静态社区发现模型有效性验证

静态社区发现模型的有效性验证是实验的第一部分。我们对多个静态社区发现模型进行了验证，其中包括 Karate、Dolphins 和 Jazz 等模型。这些模型的节点数量相对较少，适合进行可视化实验验证。实验结果显示，本文算法在这些模型上能够获得高度精确的社区划分结果。

3. 静态社区发现模型可视化验证

在静态社区发现模型的可视化验证阶段，由于篇幅限制，我们仅选择了 Karate、Dolphins 和 Jazz 三种静态社区发现模型进行可视化实验验证。另外，选择这三个模型的另一个原因是它们的节点数量相对较少，适用于直观展示实验结果。以下是可视化实验验证的具体情况，图示见图 8-2 至图 8-4。

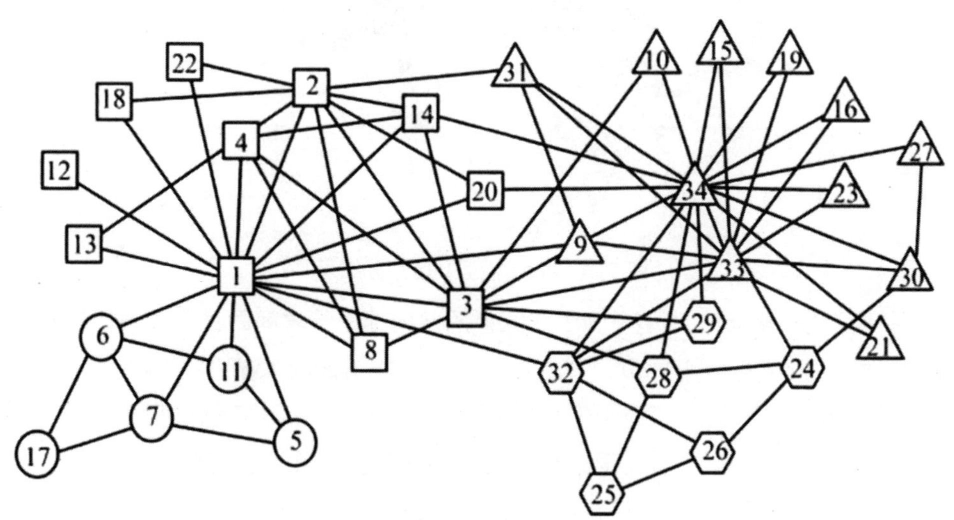

图 8–2　Karate 模型社区划分结果

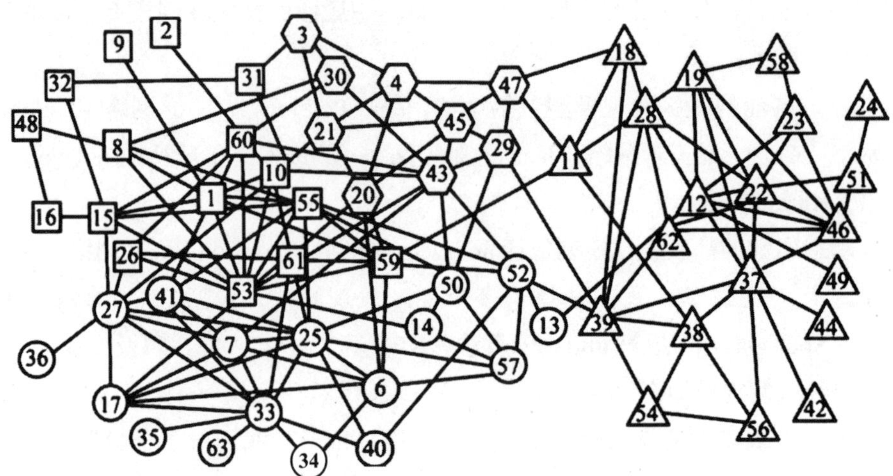

图 8–3　Dolphins 模型社区划分结果

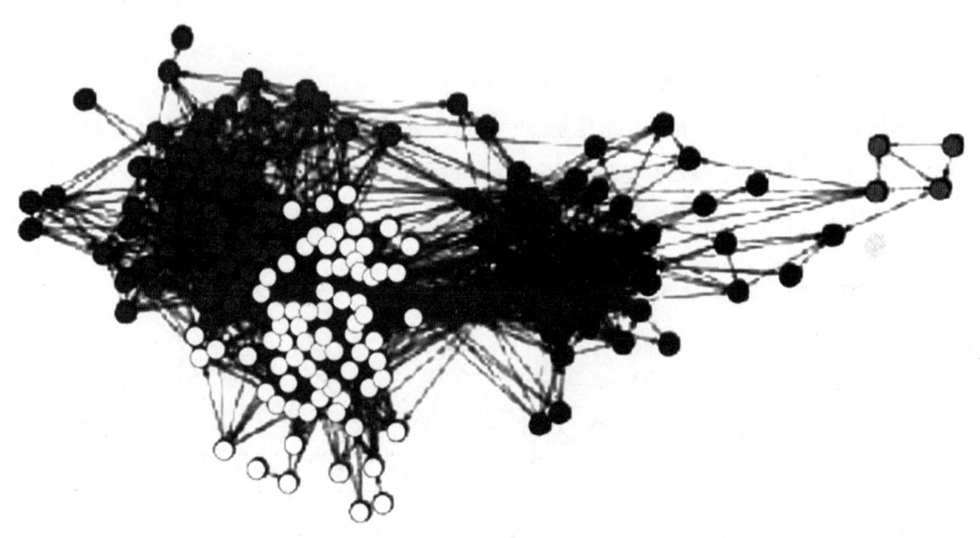

图 8–4　Jazz 模型社区划分结果

在这些模型中，Karate 模型是为了研究俱乐部内部成员之间的社会关系而构建的社区发现模型，模型中包含 34 个成员，节点数量为 34。在 Karate 模型中，节点 1 代表俱乐部的教练，其余节点代表俱乐部的经理，他们之间存在冲突和不可调和性，从而影响了俱乐部内部成员之间的关系，形成了派系。在我们的可视化社区检测结果中，我们得到了 Karate 模型的 2 个派系和 4 个社区检测结果，这与原始模型构建的情况完全一致。

Dolphins 模型主要是为了研究海豚群体而构建的社区分析模型，模型中的原始对象包括两个不同的海豚家族，节点数量为 62。图 8-3 展示了本文算法对 Dolphins 模型的社区划分结果。可视化实验结果表明，本文算法成功将海豚群体划分为 4 个社区，这与原始模型构建的情况完全相符。

Jazz 模型主要是为了研究爵士乐队社会关系而构建的社区发现模型。图 8-4 展示了本文算法的划分结果，虽然模型中涉及的节点数量较多，但我们未在图中一一标注节点的

顺序号。根据图 8-4 中展示的 Jazz 模型的社区发现结果，我们可以看到，本文算法成功将 Jazz 模型划分为 4 个社区，这与原始模型构建的情况完全一致。

4. 动态社区发现模型性能验证

为验证本文算法在动态社区发现问题上的有效性，我们进行了性能测试，并将其与 QCA 算法和 MIEN 算法进行对比。实验对象选取了 Enron Email 网络，实验使用的硬件配置与前文相同，测试指标包括社区数量、模块度指标及计算时间，结果如图 8-5 所示。

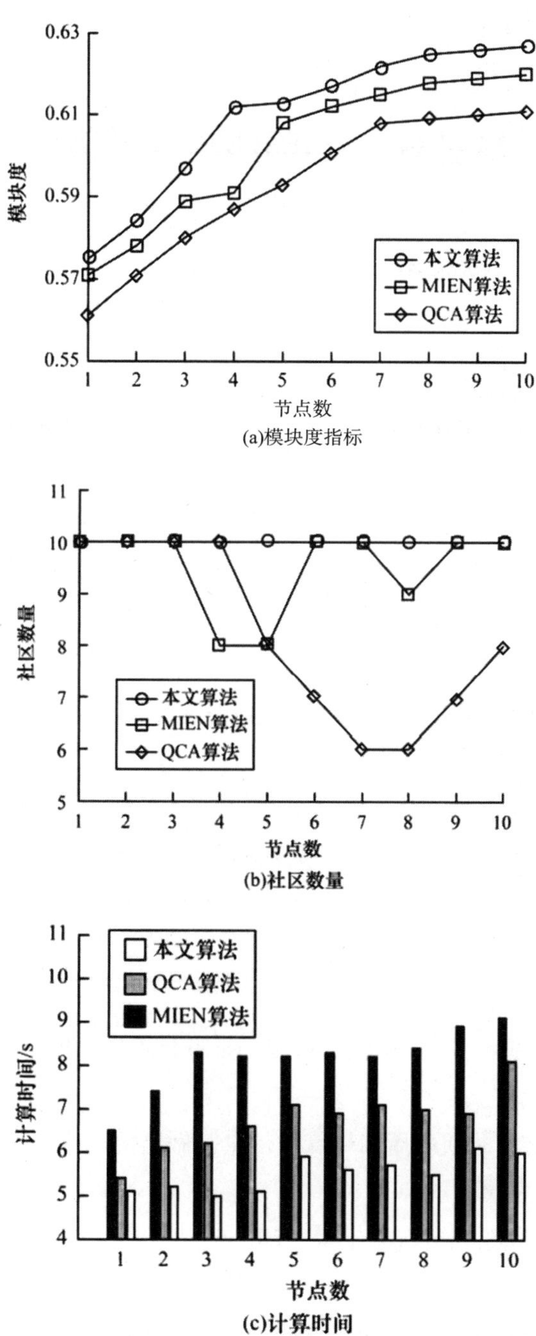

图 8-5　Enron Email 模型社区划分结果

Enron Email 模型是基于 Enron 公司高管之间的邮件关系构建的，共包含 151 个高管节点。我们选择了网络模型中一半的边来构建实验模型，并创建了 21 个具有静态属性的模型结构，其中边的增加速度为 1000。

根据实验对比结果，我们发现本文算法在社区数量、模块度指标及计算时间这三个评价指标上相对于 QCA 算法和 MIEN 算法表现出更优异的性能。综合实验结果我们可以得出结论，本文算法在动态社区发现问题上具有出色的性能优势，验证了其在社区检测质量和效率方面的卓越性能。

第三节　5G网络与移动通信

一、5G 网络特点与技术

第五代移动通信技术（5G）是一项革命性的通信技术，具有以下特点：

（一）更高的带宽和速度

5G 网络提供了比前一代移动通信（4G）更大的带宽和更高的数据传输速度。这主要通过以下方式实现：

1. 更高的频段利用

5G 网络使用了更高频段的无线电频谱，这些频段具有更大的带宽，能够支持更多的数据传输。这包括毫米波（mmWave）频段，其具有数千兆位每秒的传输速度潜力。

2. 多输入多输出（MIMO）技术

5G 网络采用更多的天线和更复杂的 MIMO 技术，可以同时传输多个数据流，提高了数据传输速度和可靠性。

3. 更高的调制方式

5G 采用更高阶的调制方式，如 64-QAM 和 256-QAM，以提高数据传输速度。

这些技术的结合使 5G 网络能够实现更高的峰值下载速度和更快的响应时间，为各种应用提供了更好的支持。

（二）低延迟

5G 网络具有极低的延迟，通常在毫秒级别。低延迟对于实时应用至关重要，如：

1. 自动驾驶汽车

低延迟使汽车能够实时获取周围环境的信息并做出快速反应，提高了安全性。

2. 远程手术

医生可以通过 5G 网络执行远程手术，因为低延迟确保了手术操作的实时性。

3. 虚拟和增强现实

低延迟有助于实现沉浸式虚拟和增强现实体验，因为用户能够在几乎无感知的情况

下与虚拟环境互动。

（三）大规模物联网

5G 网络被设计为支持大规模物联网（IoT）连接，这是因为物联网应用的数量和复杂性不断增加。以下是 5G 在物联网方面的关键特点和技术：

1. 更高的设备密度

5G 网络支持更多设备同时连接，每平方千米可以支持成千上万的连接，这对于城市中的传感器和物联网设备至关重要。

2. 低功耗连接

对于电池供电的设备，5G 支持低功耗连接，延长了电池寿命，减少了维护成本。

3. 网络切片

5G 引入了网络切片技术，可以为不同类型的 IoT 应用创建定制的网络切片，以满足其特定需求，如低延迟、高带宽或安全性。

这些特点和技术使 5G 网络成为物联网应用的理想选择，从智能城市到智能家居再到工业自动化，都能够受益于 5G 的大规模连接和低延迟。

二、移动通信发展趋势

未来移动通信的发展趋势包括：

（一）边缘计算

边缘计算是一种分布式计算模型，它将计算和数据处理推向网络的边缘，靠近终端设备，以减少延迟并提高性能。未来移动通信网络将积极采用边缘计算技术，以支持以下方面的应用：

1. 边缘计算的基本概念

边缘计算将计算资源部署在接近数据源的位置，而不是集中在远程数据中心。这意味着数据不需要长途传输到远程服务器进行处理，而可以在距离数据源更近的地方进行计算和分析。

2. 低延迟应用

（1）自动驾驶汽车

自动驾驶汽车需要极低的延迟，以实现实时感知和决策。边缘计算可以在汽车上部署计算资源，使其能够快速处理传感器数据，提高车辆的安全性和性能。例如，车辆可以在边缘设备上分析路况、识别障碍物并采取紧急制动等行动，而无需等待数据传输到远程服务器。

（2）工业自动化

在工业自动化中，机器和设备需要实时地被控制和监控。边缘计算可用于现场设备，将控制和决策过程推向设备附近，减少了信号传输时间。这对于需要高精度和低延迟的应用非常重要，例如自动化生产线和机器人控制。

3. 物联网设备

随着物联网设备的大规模部署，低延迟和高效率变得至关重要。边缘计算可以为物联网设备提供更快的响应速度，使其能够更有效地传输数据和与其他设备通信。例如，在智能城市中，传感器可以在边缘节点上进行数据处理，实时监测环境参数并采取相应的行动，如调整交通信号或管理能源消耗。

边缘计算还有助于增强物联网的安全性。设备可以在本地检测异常行为，并立即采取措施，而不必依赖于远程云端服务。这有助于防止潜在的攻击和数据泄露。

（二）虚拟和增强现实

虚拟现实（VR）和增强现实（AR）技术将成为未来移动通信的重要组成部分。这些技术将改变娱乐、教育、医疗和工作方式。未来的移动通信网络将支持以下方面的虚拟和增强现实应用：

1. 娱乐

首先，虚拟现实游戏已经成为主要的娱乐方式之一。通过佩戴 VR 头戴式设备，玩家可以沉浸在虚拟世界中，与游戏互动。未来，5G 网络的高速和低延迟将进一步改善 VR 游戏的性能，创造更真实的虚拟体验。

其次，AR 技术允许用户在现实世界中叠加虚拟元素，如虚拟宠物、信息标签或互动体验。这将丰富娱乐体验，例如，用户可以在博物馆中使用 AR 应用程序获取有关艺术品的信息，或者在户外探险游戏中与虚拟角色互动。

最后，未来的社交网络可能会结合 VR 技术，让用户可以在虚拟世界中与朋友互动。这将超越传统社交媒体，使用户能够更接近真实的社交体验，例如在虚拟咖啡馆中与朋友交谈。

2. 教育

首先，AR 和 VR 可以改变教育方式，创造出更具互动性的学习体验。远程虚拟教室将允许学生通过头戴设备参加虚拟课堂，与教师和同学互动，模拟实验和实地考察。

其次，虚拟现实可以用于培训领域，如医疗培训、飞行员培训和紧急情况模拟。学习者可以在虚拟环境中练习关键技能，而无需承担风险和成本。

3. 医疗

（1）远程医疗诊断

医疗领域将受益于 AR 技术，医生可以通过远程 AR 诊断平台与患者互动。医生可以在患者身边的 AR 显示上查看患者的身体部位，并进行实时诊断和建议。

（2）手术和康复

VR 技术可以用于手术模拟和康复治疗。医生可以通过 VR 头戴设备模拟手术，提前规划手术步骤。患者可以在虚拟环境中进行康复锻炼，提高治疗效果。

4. 工作

（1）远程协作

增强现实和虚拟现实可以改变工作方式，使团队成员能够远程协作，仿佛在同一地

点工作。这将提高生产力，减少商务旅行成本，并提供更便捷的工作体验。

（2）虚拟办公室

未来，虚拟办公室可能会成为一种工作模式。员工可以通过 VR 头戴设备进入虚拟办公室，在那里与同事互动、开会和协作。这种方式将提供更灵活的工作环境，减少了对物理办公空间的需求。

第四节　计算机网络的未来展望

一、新兴技术趋势

计算机网络未来的发展将受到多种新兴技术趋势的推动，以下是一些重要的方向：

（一）量子通信

量子通信是一种基于量子力学原理的通信技术，它有望提供更高级的安全性和隐私保护，因为它利用了量子态的不可分割性和测量不确定性。以下是量子通信的关键特点和应用：

1. 不可伪造性

量子通信中的量子密钥分发过程利用了量子态的不可克隆性，这使得未经授权的第三方无法伪造通信的密钥。这为通信的机密性提供了更高的保障。

2. 量子隐私放大

量子通信还可以利用“量子隐私放大”技术，检测和抵御潜在的窃听行为。这进一步增强了通信的安全性。

3. 未来应用

量子通信有望应用于高度敏感的通信领域，如政府机构、金融机构和军事通信。它还可以改进在线隐私保护工具，为个人和企业提供更安全的通信方式。

（二）区块链

区块链技术是一种分布式账本技术，将在网络安全和身份验证领域发挥重要作用。以下是区块链的关键特点和应用：

1. 数据完整性

区块链通过将数据以区块的形式链接在一起，并使用密码学哈希函数进行验证，确保数据的完整性。任何尝试篡改数据的行为都会被立即检测到。

2. 去中心化身份验证

传统的身份验证方法依赖于集中式身份验证服务，这些服务容易成为攻击目标。区块链可以实现去中心化身份验证，让用户掌握自己的身份信息，并减少身份盗用的风险。

3. 智能合约

区块链还支持智能合约，这是一种自动执行的合同，可以根据预定条件自动执行交易。

这有助于改进各种业务流程，提高效率。

4. 未来应用

区块链技术将在金融、供应链管理、医疗保健和政府等领域发挥作用。它将提供更安全、透明和高效的数据管理方式，减少了中间商和不必要的复杂性。

二、网络未来发展方向

未来计算机网络的发展方向包括以下几个方面：

（一）更智能的网络

随着人工智能（AI）和机器学习（ML）技术的不断进步，网络将变得更加智能。未来的网络将具备以下特点：

1. 自适应性

未来的网络将变得更加自适应，能够根据不同应用的需求和网络状况来自动调整。以下是网络的自适应性方面的扩展：

（1）带宽优化

网络将能够实时监测带宽使用情况，并根据需要自动分配带宽。这意味着对于需要高带宽的应用，网络将提供更多的带宽资源，以确保良好的性能。相反，对于低带宽需求的应用，网络将分配较少的带宽，以避免资源浪费。

（2）延迟控制

某些应用对延迟非常敏感，如自动驾驶汽车和远程医疗手术。未来的网络将能够通过优化路由和数据传输方式来减少延迟，以满足这些应用的要求。例如，在自动驾驶汽车中，网络将确保数据的低延迟传输，以支持实时决策和操作。

（3）服务质量优化

网络将根据应用的服务质量要求自动进行优化。对于需要高服务质量的应用，网络将提供更稳定和可靠的连接，以确保高质量的用户体验。这对于视频会议、在线游戏和云计算等应用特别重要。

2. 预测性维护

未来的网络将利用数据分析和机器学习技术来进行预测性维护，提前发现和解决潜在的故障。以下是网络的预测性维护方面的扩展：

（1）设备性能监测

网络设备的性能数据将被实时监测和分析。例如，路由器、交换机和服务器的运行状况将被不断检查，以检测任何异常或潜在故障的迹象。

（2）异常检测

机器学习算法将用于识别设备的异常行为。这些算法可以检测到性能下降、网络拥塞和潜在的硬件故障，以提前采取措施。

（3）维护计划

一旦检测到可能的故障或问题，网络将自动生成维护计划。这可以包括设备的更换、升级或修复，以确保网络的连续性和可用性。

3. 自动化管理

未来的网络管理将更多地依赖于自动化工具和智能算法。以下是网络的自动化管理方面的扩展：

（1）网络配置自动化

网络配置将自动进行，减少了人工干预的需要。网络设备将能够自动检测和适应网络拓扑的变化，以确保配置的一致性和准确性。

（2）故障排除和恢复

网络将能够自动识别故障，并采取适当的措施进行排除。这包括路由的重新计算、流量的重新路由和设备的切换，以最小化网络中断。

（3）安全自动化

网络安全管理将采用自动化工具来检测和防止安全威胁。入侵检测系统和防火墙将能够自动响应潜在的攻击，并采取措施来阻止威胁的传播。

（二）更好的安全性

网络安全将继续成为重中之重。未来的网络将采用更多的创新安全技术和策略，以应对不断进化的威胁。以下是网络安全的未来发展方向：

1. 增强的身份验证

未来的网络安全将更注重身份验证的强化，以降低未经授权访问的风险。以下是身份验证领域的未来发展方向：

（1）生物特征识别

生物特征识别技术，如指纹识别、虹膜扫描和面部识别，将成为主要的身份验证方式。这些技术基于个体独特的生物特征，难以伪造或冒用。

（2）多因素身份验证

多因素身份验证将变得更加常见。用户需要提供多个身份验证因素，如密码、生物特征和智能卡，以确保身份的安全性。

（3）区块链身份验证

区块链技术将用于建立去中心化的身份验证系统。每个用户将拥有一个独一无二的身份标识，其身份信息将被存储在区块链上，确保安全性和透明性。

2. 量子安全通信

传统的加密方法可能会受到未来量子计算的威胁，因此量子安全通信将成为网络安全的一个关键领域。以下是量子安全通信的未来发展方向：

（1）量子密钥分发

量子密钥分发技术将用于生成和分发安全的密钥，这些密钥不会受到量子计算攻击的威胁。这将确保通信的保密性。

（2）量子安全加密

新的量子安全加密算法将被开发，以取代传统的加密方法。这些算法将能够抵御量子计算的攻击，确保数据的安全性。

3. AI 支持的威胁检测

人工智能将在威胁检测和分析方面发挥关键作用，提高网络的安全性。以下是 AI 支持的威胁检测的未来发展方向：

（1）快速威胁检测

AI 将能够快速识别潜在的威胁，减少响应时间。机器学习算法将分析网络流量和日志数据，以发现异常行为。

（2）自动化响应

一旦威胁被检测到，AI 可以自动采取行动来应对安全事件。这包括隔离受感染的设备、更新防火墙规则和通知网络管理员。

（3）恶意行为预测

AI 将能够预测潜在的恶意行为，帮助网络管理员采取预防措施。这将有助于减少安全事件的发生率。

（三）更多的物联网连接

物联网（IoT）将继续快速增长，未来网络将需要更好地支持数十亿甚至数百亿的物联网设备。以下是未来网络在物联网方面的发展趋势：

1. 安全性和隐私保护

随着物联网设备数量的不断增加，网络安全和隐私保护将成为至关重要的问题。以下是网络将在这方面采取的措施：

（1）增强的身份验证和授权

为了确保只有授权用户和设备能够访问物联网数据，网络将采用更强大的身份验证和授权方法。这可能包括生物特征识别、多因素身份验证和区块链身份验证，以确保只有合法用户能够访问敏感信息。

（2）加密和数据保护

物联网数据传输将更加注重加密和数据保护。网络将采用更强大的加密算法来保护数据的隐私性，确保数据在传输和存储过程中不被窃取或篡改。

（3）威胁检测和应对

网络将采用先进的威胁检测技术，能够实时监测网络流量，识别潜在的攻击和异常行为。一旦检测到威胁，网络将迅速采取行动来应对，包括隔离受感染的设备或数据。

（4）隐私法规遵从

网络和物联网服务提供商将积极遵守相关的隐私法规和标准，确保用户的个人数据得到妥善处理和保护。这包括透明的数据收集和使用政策，以及用户的数据控制权。

2. 新的物联网应用

未来将涌现出更多创新的物联网应用，这些应用将改变我们的生活方式并提供更多便利。以下是一些可能的物联网应用领域：

（1）智能城市

智能城市将采用物联网技术来优化城市基础设施，包括交通管理、能源管理、垃圾处理和紧急服务。这将提高城市的效率、可持续性和居民的生活质量。

（2）智能工厂

物联网将在制造业中发挥关键作用，实现工厂的自动化和优化。设备和机器将通过物联网连接，实现远程监控和维护，提高生产效率和质量。

（3）智能家居

智能家居应用将继续增长，使家庭设备如智能灯具、恒温器、家用电器和安全系统连接到互联网。用户可以远程控制和自动化家居设备，提高生活的便利性和节能效果。

（4）智能医疗

物联网设备将在医疗保健领域提供更多的支持。患者可以使用健康监测器和医疗传感器来监测健康状况，并将数据传输给医疗专家进行远程监控和诊断，提供更好的医疗服务。

（5）农业和环境监测

物联网将用于监测农业生产和环境状况。农民可以使用传感器来监测土壤湿度、气象条件和作物生长情况，以优化农业生产。同时，环境传感器可以监测空气质量、水质和自然灾害，帮助环境保护和灾害管理。

参考文献

[1] 崔俊明，李勇，李跃新 . 基于非加权图的大型社会网络检测算法研究 [J]. 电子技术应用，2018，44(2)：86—89，93.

[2] 陈晓，郭景峰，张春英 . 社会网络顶点间相似性度量及其应用 [J]. 计算机科学与探索，2017，11(10)：1629—1641.

[3] 刘天华，殷守林，李航 . 一种新的在线社交网络的隐私保护方案 [J]. 电子技术应用，2015，41(4)：122—124.

[4] 罗双玲，张文琪，夏昊翔 . 基于半积累引文网络社区发现的学科领域主题演化分析——以“合作演化”领域为例 [J]. 情报学报，2017，36(1)：100—110.

[5] 阙建华 . 社交网络中基于近似因子的自适应社区检测算法 [J]. 计算机工程，2016，42(5)：134—138.

[6] 王艳清，陈红 . 基于 SSM 框架的智能 Web 系统研发设计 [J]. 计算机工程与设计，2012，33(12)：4751—4757.

[7] 赵海国 .Ajax 支持下的 ECharts 图形报表技术的应用 [J]. 电子技术，2018(4)：66—69.

[8] 王子毅，张春海 . 基于 ECharts 的数据可视化分析组间设计实现 [J]. 微型机与应用，2016，35(14)：46—48.

[9] 王建峰，杨荣 . 物联网环境下智能物流服务组合研究 [J]. 电子技术应用，2016，42(1)：79—81.

[10] 李强，史志强，邵长锋 . 面向个性化定制的云制造服务平台的研发 [J]. 电子技术应用，2016，42(5)：109—112.

[11] 姚雪梅，李少波，璩晶磊，等 . 制造大数据相关技术架构分析 [J]. 电子技术应用，2016，42(11)：10—13.

[12] 蒋盛益，杨博泓，姚娟娜，等 . 一种基于增广网络的快速微博社区检测算法 [J]. 中文信息学报，2016，30(5)：65—72.

[13] 陈晓，郭景峰，张春英 . 社会网络顶点间相似性度量及其应用 [J]. 计算机科学与探索，2017，11(10)：1629—1641.

[14] 龙浩，汪浩 . 复杂社会网络的两阶段社区发现算法 [J]. 小型微型计算机系统，2016，37(4)：694—698.

[15] 邹丹，窦勇，郭松 . 基于 GPU 的稀疏矩阵 Cholesky 分解 [J]. 计算机学报，2014，37(7)：1445—1454.

[16] 罗会兰，万成涛，孔繁胜．基于 KL 散度及多尺度融合的显著性区域检测算法 [J]. 电子与信息学报，2016，38(7)：1594—1601.

[17] 李艳雄，吴水，贺前华．基于特征均值距离的短语音段说话人聚类算法 [J]．电子与信息学报，2012，34(6)：1404—1407.

[18] 刘海洋，王志海，黄丹，等．基于评分矩阵局部低秩假设的成列协同排名算法 [J]. 软件学报，2015，26(11)：2981—2993.

[19] 邹佳彬 . 顾及大数据聚类算法的计算机网络信息安全防护策略 [J]. 电子技术与软件工程，2021(18)：237—238.

[20] 杨佳兰 . 基于大数据环境下的计算机网络信息安全与防护策略研究 [J]. 南方农机，2021，52(23)：132—134.

[21] 张楠 . 浅析大数据环境下计算机网络安全技术的优化策略 [J]. 信息记录材料，2021，22(09)：45—46.

[22] 王帅 . 大数据时代计算机网络信息安全防护策略探讨 [J]. 电脑编程技巧与维护，2021(09)：166—168.

[23] 陈亦彤，叶伟 . 大数据时代中的网络数据安全问题与策略思考 [J]. 信息与电脑（理论版），2021，33(13)：171—173.

[24] 韩春梅 . 大数据时代计算机网络信息安全问题分析 [J]. 襄阳职业技术学院学报，2021，20(06)：98—100，104.

[25] 于伟波 . 大数据时代计算机网络安全问题及防范策略 [J]. 网络安全技术与应用，2021(10)：177—179.

[26] 王伟然，刘志波 . 大数据背景下数据加密技术在计算机网络安全中的应用分析 [J]. 电子世界，2021(24)：11—12.

[27] 曹园青 . 基于网络仿真平台的《计算机网络技术》实验课程教学改革研究 [J]. 中国教育信息化，2021(12)：43—46.

[28] 贾婧，初奇，刘博 . 基于 VR 的计算机网络及维护实验系统的设计与研究 [J]. 信息记录材料，2021，22(5)：188—189.

[29] 付凡成，谭晓芳 . 基于 VR 的计算机网络与维护实验系统的设计 [J]. 电脑知识与技术，2020，16(27)：45—46，52.

[30] 赵炎 . 基于 VR 的计算机网络与维护实验系统的设计 [J]. 黑龙江教育（理论与实践），2018(9)：65—66.

[31] 覃宇 . 关于数字媒体技术与虚拟现实技术结合的研究 [J]. 电脑知识与技术，2020，16(13)：223—224.